知识进化图解系列

太喜欢生物了

[日]广泽瑞子 编
朱运程 译

天津出版传媒集团
天津科学技术出版社

著作权合同登记号：图字02-2019-321号

图书在版编目（CIP）数据

知识进化图解系列. 太喜欢生物了 / (日) 广泽瑞子编；朱运程译. -- 天津：天津科学技术出版社，2020.7

ISBN 978-7-5576-7192-1

Ⅰ. ①知… Ⅱ. ①广… ②朱… Ⅲ. ①自然科学－青少年读物②生物学－青少年读物 Ⅳ. ①N49②Q-49

中国版本图书馆CIP数据核字(2019)第241858号

知识进化图解系列. 太喜欢生物了

ZHISHI JINHUA TUJIE XILIE . TAI XIHUAN SHENGWU LE

责任编辑：刘丽燕

责任印制：兰　毅

出　　版：天津出版传媒集团 / 天津科学技术出版社

地　　址：天津市西康路35号

邮　　编：300051

电　　话：（022）23332490

网　　址：www.tjkjcbs.com.cn

发　　行：新华书店经销

印　　刷：山东岩琦印刷科技有限公司

开本 880×1230　1/32　印张 4.25　字数 87 000

2020年7月第1版第1次印刷

定价：39.80元

序

很久以前，我们总能听到“血缘是无法争辩的[1]”这样的说法。而在当今时代，就连我那上小学的儿子，都会对着和我如出一辙的塌鼻子感叹道：“唉，这都是DNA遗传造成的。”当我们闲话家常时，我们也总能听到“DNA”这个词。此外，每当我看到借鉴了DNA双螺旋结构的设计时，也会感到其地位的上升。与此同时，长年从事DNA研究的我忽然想到一些问题：DNA究竟是何方神圣？DNA又究竟是如何、在多大程度上被社会理解的呢？

2003年，科学家们高调宣称，被誉为人类的设计图的人类DNA碱基序列已被全部破解。人类基因组计划的测序工作已经完成。此后的大约15年间，生物学研究正如设想的那样进入了研究DNA编辑的阶段。以诺贝尔奖获奖者山中教授[2]提出的iPS细胞制作为契机，人类现已向着脏器再生的研究领域进发，这原本只能在科幻电影中出现的奇迹似乎正在逐渐变为现实。生物学，正是当今急速发展的众多领域中的一个。也正是因为生物学研究的内容与生命息息相关，所以来自全社会的广泛讨论必不可少，尤其是在伦理道德方面。我强

[1]类似于中国谚语中的“有其父必有其子”。——译者注

[2]山中伸弥，京都大学iPS（诱导多能干细胞）细胞研究所所长。2012年10月与英国发育生物学家约翰·格登（John Gurdon）因在细胞核重新编程研究领域的杰出贡献而获得诺贝尔生理学或医学奖。——译者注

烈提倡，我们有必要将全社会的视线引向生物学，并且要让生物学研究的发展道路受到大众的监督。

近年来，孩子们对理科越来越疏远的问题也受到了社会广泛关注。对此，我深感，我们应当首先尽可能广泛地培养起孩子们对生物学的兴趣，这一点十分关键。

我被生物学深深地吸引，并长年从事相关领域的研究。然而，生物学领域离各位的生活却十分遥远，要将生物学的有趣之处传递给各位实属不易，我也很担心自己究竟能否担此重任。不过本书的出版，或多或少解决了这个令人牵肠挂肚的难题，这令我感到非常欣慰。本书采用解说生物学领域相关问题的形式，若是能让各位抓住生物学的精髓，那么大家无论是对日常生活中的时兴话题，还是对任何人都非常关注的疾病话题等，可能都会有不一样的看法吧。若是通过本书，能让各位对生物学产生哪怕一点点的兴趣，那于我而言，都是荣幸之至。

在鄙人担当本书主编期间，承蒙向我邀稿的坂将志先生和对编辑工作尽心尽力的艺术编辑丸山美纪女士的关照，我在此向他们致以最诚挚的谢意。同时，也向负责装帧设计等工作的诸多同事献上我发自肺腑的感谢。

最后，感谢我的家人不遗余力地支持我、鼓励我。尤其是我的儿子小力，如果没有他的激励，本书恐怕也无法完成。在此，我想由衷地感谢小力，谢谢你！

广泽瑞子

2017 年 12 月

目 录
Contents

1 生命的诞生与进化

2

细胞的构造及功能

3

生物的诞生及繁殖

4

植物的结构

5 不可思议的人体结构

6

生态系统的结构及生物的未来

1
生命的诞生与进化

生命为何是从海洋中诞生的？

化学进化及生命的诞生

大约46亿年前，地球诞生了。在那之后不久，地表便被岩浆覆盖。到了约40亿年前，冷却了的岩浆变成了陆地，冷却过程中水蒸气变成了海洋。在这种环境下，生命，终于在地球上诞生了，而且，还是在海洋中诞生的。那么，为什么生命最初不是在陆地上，而是从海洋中诞生的呢？

这是因为原始的海洋中含有丰富的有机物。所谓有机物，指的是含有氨基酸、糖类、核酸碱基等含碳元素的化合物。有机物是生命诞生的重要因素。关于原始地球上有机物的诞生方式，著名的“米勒实验”显示：紫外线或雷电等带来的巨大能量可能促使大气中的无机物小分子形成有机物小分子。此外，也有人认为是撞击地球的小型天体（陨石）带来了有机物。

这些有机物随着降雨过程一同进入海洋并不断累积。氨基酸、糖类、核酸碱基等低分子有机物具有易相互结合的特性。这些低分子借助海底火山所提供的热能进行结合，形成蛋白质、碳水化合物、核酸等复杂的高分子有机物。海底积存着的金属化合物通过吸附低分子有机物的方式，起到了加速低分子有机物结合这一化学反应的催化剂的作用。

从地表频繁掠过的紫外线、带电粒子[1]等，都具有拆毁这些高分子有机物的巨大破坏力。而海洋则可以抵御这些破坏，柔和地将高分子有机物包裹起来。如此看来，海洋真可谓是生命的摇篮。也正是如此，在地球上，生命诞生了。

[1]带电粒子是指通过电离过程带有电性的原子或其他粒子。

● 原始地球的样貌以及有机物的产生

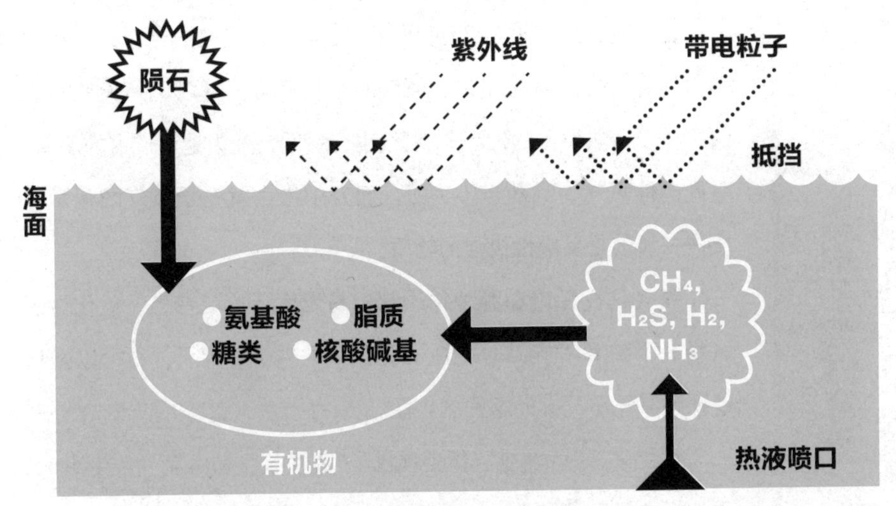

关于原始地球中有机物的产生有几种不同说法。有人认为，在海底热液喷口附近的水的沸点达到几百摄氏度，由此产生了以氨基酸为首的众多有机物。此外，也有说法认为，落到地球上的陨石携带的外星球有机物是地球有机物的起源。

● 米勒实验

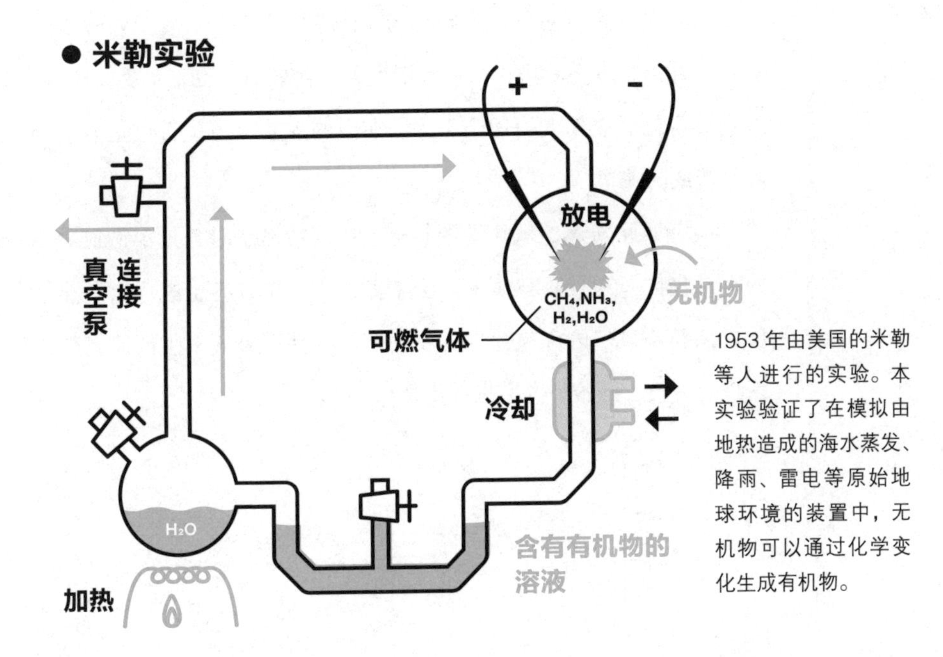

1953年由美国的米勒等人进行的实验。本实验验证了在模拟由地热造成的海水蒸发、降雨、雷电等原始地球环境的装置中，无机物可以通过化学变化生成有机物。

对生物来说氧气原本竟是毒药？

原始生物及当时的地球环境

植物通过光合作用产生氧气，正是因为氧气的存在，动物才得以生存。由此常识出发，氧气对生物而言，可以说是天使一样的存在了。然而，一不留神，氧气也会瞬间转变为地地道道的恶魔。由此，称氧气为毒药也不为过。而其中缘由就在于氧气的化学性质——氧气是反应性极强的物质。

氧气具有无论和哪种物质都极易发生反应的特性（氧化性）。试想一下铁和氧气结合生成氧化铁（铁锈）的例子，便可以轻松地理解氧气所具有的这种氧化性。

近年来，“活性氧”备受瞩目。“活性氧”是由氧气派生出的、化学反应活性极强的一类物质。有时，活性氧由于其极高的反应活性，可以破坏侵入生物体内的病毒等物质；然而另一方面，也有可能损伤生物自身的组织。

人们发现，活性氧作为导致老化的原因之一，引发了各种疾病。[1] 此外，在美容方面，消除活性氧的功效似乎也正备受关注。铁皮被氧化后表面变得凹凸不平，人们的皮肤问题是否也是由活性氧造成的呢？

拥有如此强悍的氧化性的氧气，在生命诞生时，其实是致命的有毒气体。在有氧环境中无法生存的生命中，终于进化出了能反过来利用氧气的强氧化性的物种。拥有利用氧气来生产能量的系统的生物，开始了进一步进化。

[1] 也有一种说法认为，由于饮食不规律、压力、吸烟等造成的体内活性氧与抗氧化物质的失衡，才是引起疾病的原因。

● 活性氧的功能

只要吸入氧气，就一定会产生活性氧。活性氧有保护身体的功能，是身体的必需品；但同时，如果量过大，也会对身体造成损害。

紫外线

过氧化物

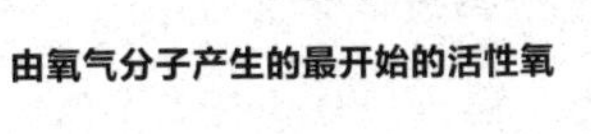

过氧化氢

杀死侵入体内的细菌的同时，
在金属离子或光的作用下分解，
产生羟自由基。

羟自由基

足以损伤体内细胞的超强活性氧

单线态氧

具有可以杀死侵入人体内的细菌的功能。
然而若长期暴露在紫外线环境中，
细胞会遭到破坏。

臭氧层究竟是何时并且如何形成的？

氧气的形成及生物的进化

地球上的生命诞生于约 40 亿年前。最初的生物摄入海水中富含的有机物作为养分（见第 2 页）。生命诞生最初的海洋是富含有机物的乐园，但后来，有机物被摄取殆尽，处于饥饿状态的生物当中，出现了能够利用无机物合成有机物的物种。

约 27 亿年前出现的蓝细菌就是其中的一种，蓝细菌自身含有叶绿素，通过光合作用合成有机物，从而确保自身生命活动所需的能量。光合作用中释放出的氧气逐渐覆盖了地球。

能够进行光合作用的生物越来越多，释放出的氧气也就随之增加，给地球环境带来了巨大的变化。约 20 亿年前，海洋中已经饱和的氧气开始向大气中释出，释出的氧气在紫外线的作用下产生了臭氧。臭氧不断累积，便形成了臭氧层。臭氧最初形成时，臭氧层并不是位于平流层[1]的。当时，大气中的氧气含量较少，紫外线能够到达离地面很近的地方，因此臭氧层是在地面附近。

随后，氧气浓度上升的同时，紫外线能够到达的界限高度也在上升，臭氧层也随之上升，到了大约 4 亿年前，平流层中便形成了与现在差不多的臭氧层。

臭氧层将有害的紫外线与生命隔绝开来。此后，生物从海洋向陆地进发的条件便已具备。

[1] 位于中纬度 11 ~ 50 千米高度。

● 臭氧层的形成

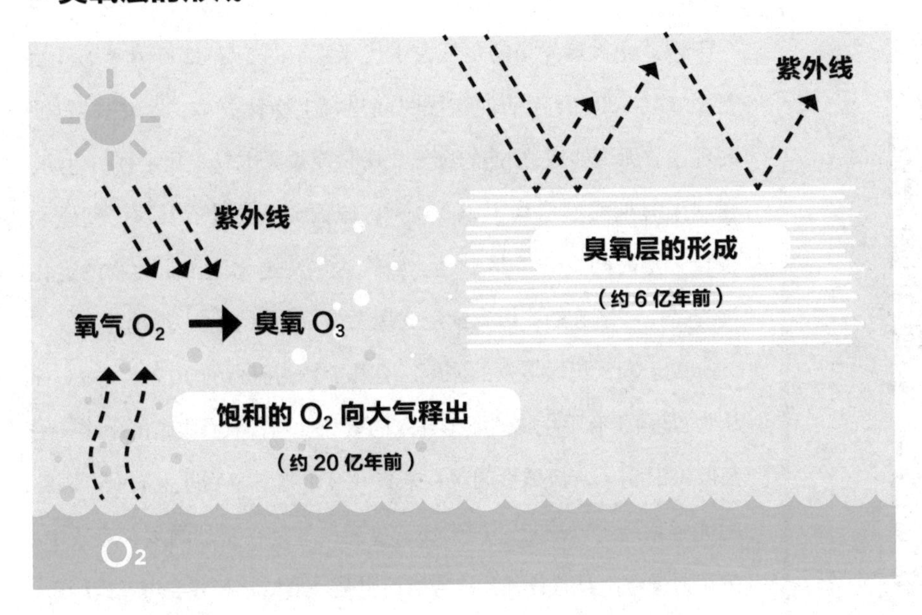

● 地球大气中氧气浓度的变化

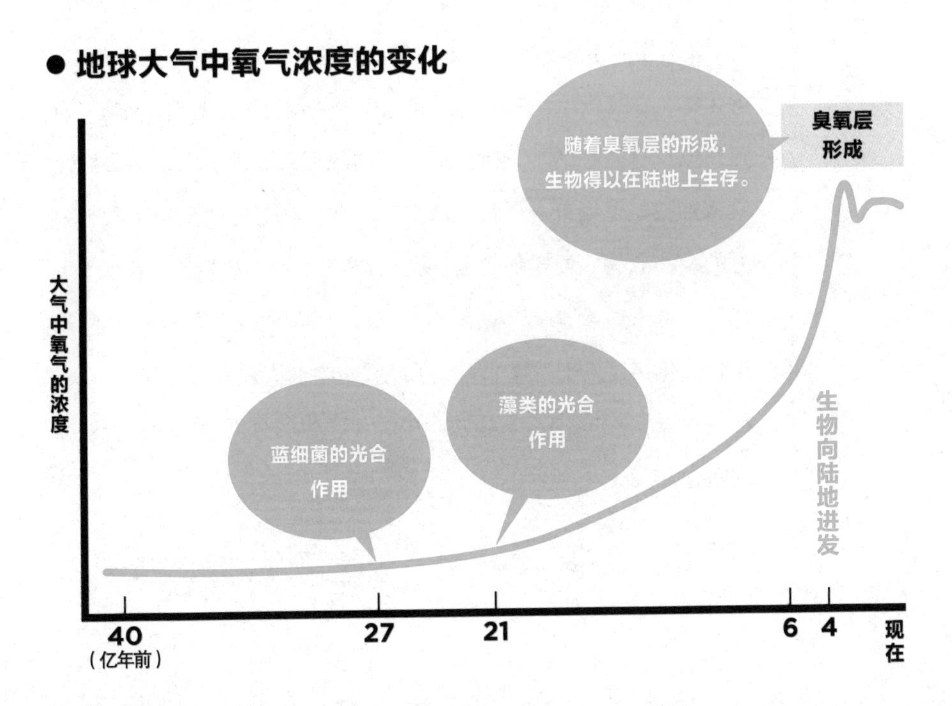

寒武纪大爆发是什么的爆发？

寒武纪的生物多样性

寒武纪大爆发指的是从古生代寒武纪的5亿4200万年前开始直至5亿3000万年前的这段时间里，生物种类呈“爆发式增长”的现象。无论如何，接连的爆发式增长使得原本只有几十种的生物，在这个时期忽然增加了10000种，原因究竟是什么？这个问题在很长一段时间里一直是个谜。虽然达尔文进化论主张生物的进化过程是循序渐进的，但寒武纪大爆发似乎颠覆了这一理论。

关于寒武纪大爆发的原因，有几个较为有力的学说，其中一种认为，是由于有眼生物的诞生导致的。在这一时期，有眼睛的生物——三叶虫诞生了。从捕食的观点来看，有眼睛对生物非常有利。眼睛的优劣甚至可以决定一种生物的生死，于是在激烈的生存竞争中，生物便进化出具有各种各样功能的眼睛。因此，物种才会爆发式增长。

另一种说法则主张雪球地球时期[1]及其终结的相关性是根源所在。8亿年前至6亿年前，地表被冰雪覆盖。10亿年前诞生的多细胞生物，在这段冰河时期生活在海底的热源附近，尽管范围十分有限，但总算是存活了下来。地理上的隔离，促进了生物的多样性，就像加拉帕戈斯群岛（科隆群岛）一样。在多样的生物物种当中，有的生物获得了便于捕食的胚孔构造，这进一步激化了生存竞争。并且，由于雪球地球时期的终结，地球不断变暖，为了适应环境的生物进化接连发生，这才引起了寒武纪生命大爆发。正是由于寒武纪的大爆发，才会有今天生物学中“门”（生物分类学中的一个层级）的概念。

[1]地球整体处于冰冻状态。这一时期，生物大量灭绝。有学说认为，这种大规模的灭绝曾经发生过三次。

● 生物的变迁

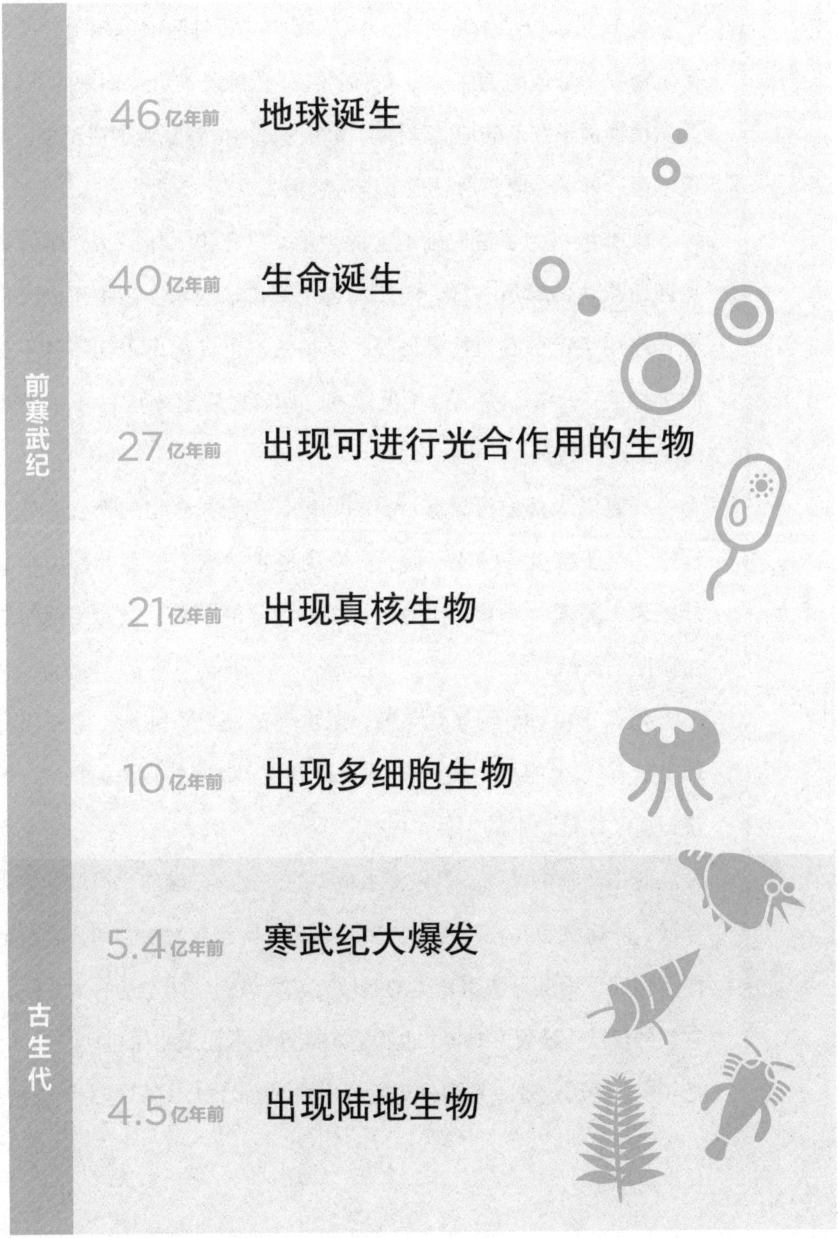

前寒武纪

46亿年前 地球诞生

40亿年前 生命诞生

27亿年前 出现可进行光合作用的生物

21亿年前 出现真核生物

10亿年前 出现多细胞生物

古生代

5.4亿年前 寒武纪大爆发

4.5亿年前 出现陆地生物

地球历史上最早的陆地生物是什么?

臭氧层吸收了大部分紫外线，减少了其对地面的辐射，推动了生物登上陆地的进程。约 4.5 亿年前，由绿藻类进化而来的苔藓、蕨类植物最早登上陆地。这两类植物一直维持着原始构造至今，并且不通过种子，而是通过孢子进行繁衍（见第 42 页）。

蕨类植物为了适应陆地上的生活，进化出了维管束。维管束像四通八达的管道一样，向植物各个部位输送水、矿物质以及由光合作用生产的有机物。另外，蕨类植物也进化出了功能各不相同的器官——根、茎、叶（见第 63 页）。之后出现的种子植物也继承了这一特征。

一直以来荒芜得只有岩石的陆地，在蕨类植物的繁盛演进过程中，终于披上了绿衣。而且，蕨类植物枯萎了的茎等部位中的纤维素（多糖）为下一代的生长带去养分的同时，也为细菌的繁殖做出了贡献。

稍迟于植物，约 4 亿年前，昆虫类也登上了陆地。昆虫因身体上长有气门（见第 44 页），也就是有用于呼吸的孔洞的特性，很快适应了在陆地上的生活。

脊椎动物的登陆，是以淡水鱼类的进化为开端的。河川等比海洋浅，障碍物也比在海洋中更多。有时，比起在水中游动，爬行更便于移动，因此，淡水鱼类的鳍便有必要像脚一样发达有力。同时它们的皮肤、呼吸方式等，也为适应陆地生活而发生了进化。约 3.5 亿年前，经历过这一系列进化而诞生的两栖动物，终于登上了陆地。

● **生物向陆地进发**

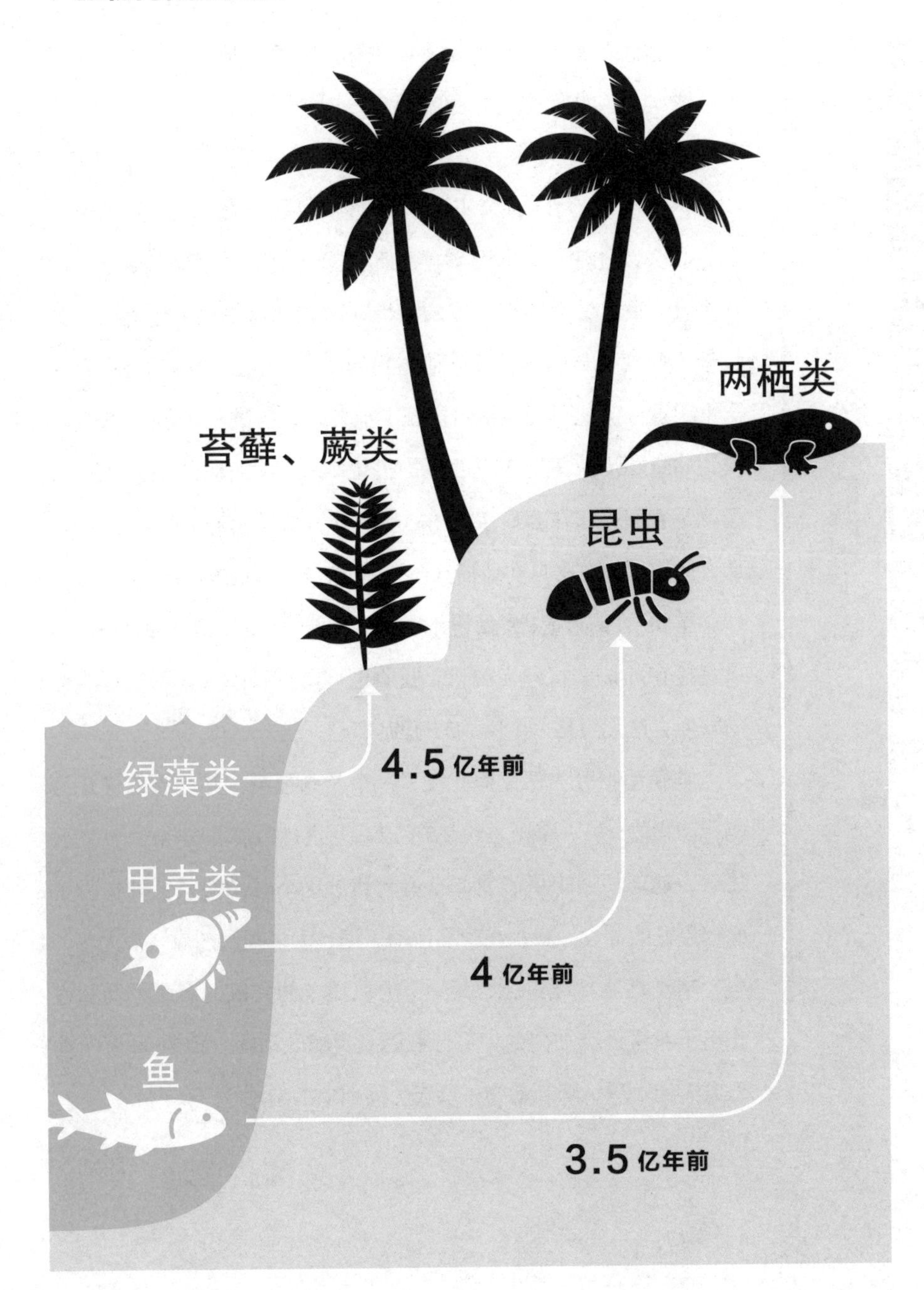

鸭嘴兽明明是哺乳动物却为何会产卵？

两栖动物的进化及哺乳动物的诞生

相信大家对鸭嘴兽一定不陌生吧。鸭嘴兽是生活于澳大利亚的一种哺乳动物。鸭嘴兽和空棘鱼一同被称为活化石的原因究竟是什么呢？

鸭嘴兽是哺乳动物，因此该物种用母乳哺育幼崽，但鸭嘴兽没有乳头，乳汁从雌性鸭嘴兽腹部渗出，幼崽通过舔舐渗出的乳汁进食。此外，鸭嘴兽产卵的特性在哺乳动物中也是绝无仅有的特例。鸭嘴兽与爬行类等其他类别的动物一同从两栖动物中分化出来，这一进化过程也恰恰体现了哺乳动物的进化历程。3.5 亿年前，如前文所述，两栖动物由鱼类进化而来。两栖动物有一个弱点，那就是它们无法在远离水源的区域生存。如果能从水源附近离开，那么便能更加自由自在地捕食……由此，羊膜动物诞生了。

羊膜[1]的形成，使受精卵得到了卵壳的保护，羊膜动物由此得以直接在陆地上将卵壳孵化。胚胎也可以在壳中成长到接近成体的外形，这无疑是一个巨大的优点。

羊膜动物分为两个演化支，一个是蜥形纲，其分支有进化为爬行动物的，另一个则是约 2.5 亿年前，进化出哺乳动物的合弓纲。之后，地球便迎来了恐龙的全盛时代。这个时代的哺乳动物为了躲避恐龙的捕食一般都在夜间活动，而且大多都和老鼠一般大小。

哺乳动物持续进化，其中，类似如今的袋鼠的有袋类动物进化出了包含人类在内的大部分有胎盘类哺乳动物。约 6600 万年前恐龙灭绝之后，哺乳动物一跃成为陆地上的主角。

[1] 包含着胎儿以及被称为“羊水”的液体。羊膜将胎儿与干燥的环境分隔开来，使胎儿不必在水中孵化。

● 哺乳动物的诞生历程

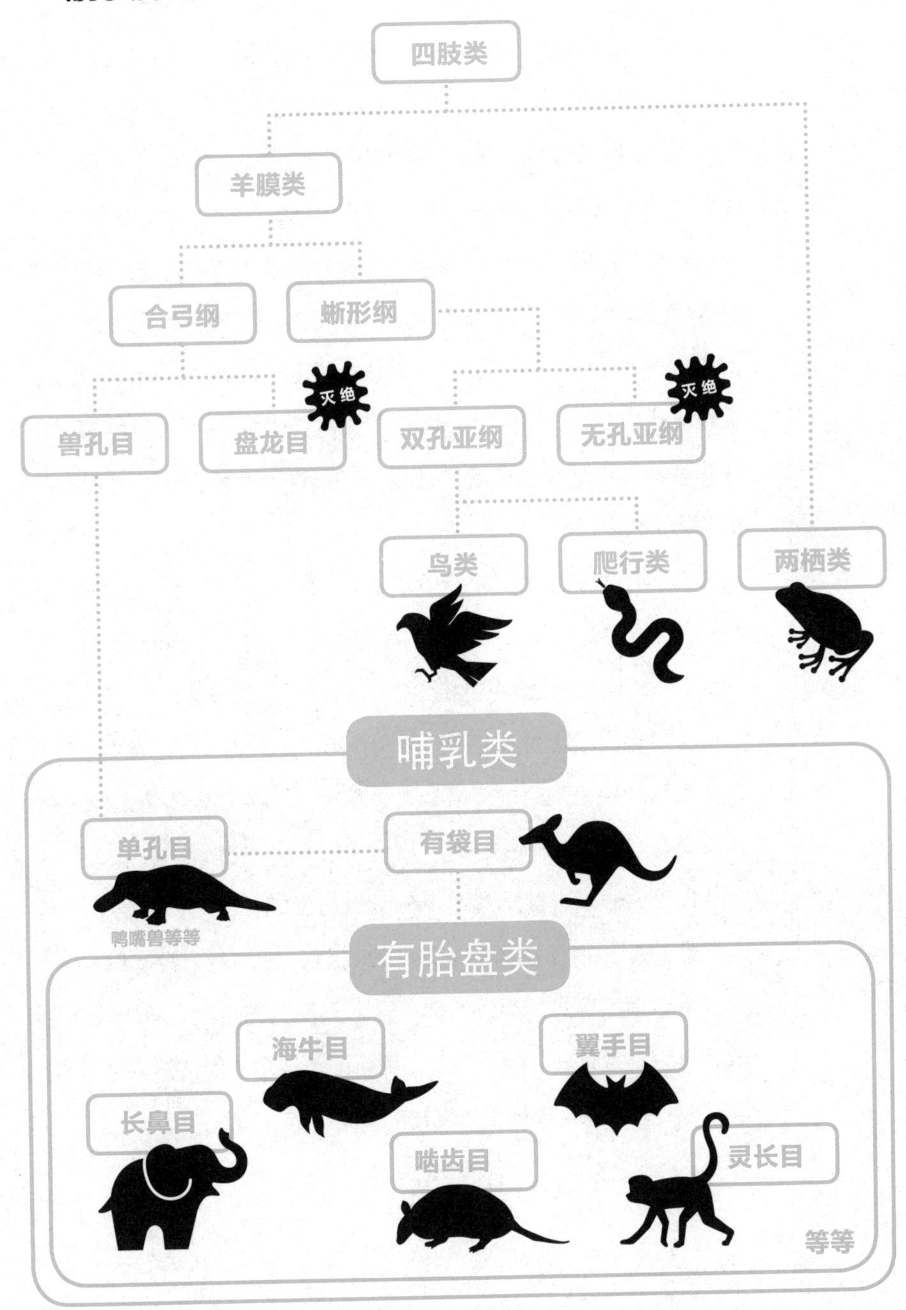

四肢类
羊膜类
合弓纲
蜥形纲
灭绝
兽孔目
盘龙目
双孔亚纲
灭绝
无孔亚纲
鸟类
爬行类
两栖类
哺乳类
单孔目
有袋目
鸭嘴兽等等
有胎盘类
海牛目
翼手目
长鼻目
啮齿目
灵长目
等等

蛇为什么没有脚？

用进废退论和自然选择学说

大约1亿年前，蜥蜴的一个分支进化成了蛇。究竟是什么原因，让它们的脚“消失”了呢？

从18世纪开始，生物学家们就生物进化的问题争论不休。其中较为有力的学说是拉马克提出的“用进废退论”。该理论认为生物为了适应生存环境，经常使用的器官会变得发达，不常使用的器官则会渐渐退化，也就是说，生物在生存过程中发生的变化会传递给子孙后代。以蛇为例，一部分蜥蜴逐渐开始在森林的落叶下、柔软的沙地下生活，比起用脚前进，蜷曲身体前进的方式效率更高。这些蜥蜴以这种方式移动的过程中，脚逐渐退化，这一性状遗传给了下一代。

然而仔细想想，从遗传学来说，生物将其在一生中获得的东西传递给子孙后代是不可能的。通过锻炼获得壮硕肌肉的父亲，他的出生不久的孩子是不可能像他一样浑身长满肌肉的。

与用进废退论相对的是达尔文提出的“自然选择学说”。该学说认为物种偶然发生的变异经过自然环境、生存竞争等条件的筛选过滤后，明确了进化方向。

比如，假设在捕猎竞争十分激烈的蜥蜴种群中，出现了一种因偶然的变异而没有脚的蜥蜴。没有脚的蜥蜴因为没有脚步声，所以能够悄无声息地靠近猎物，这一点使它在生存竞争中比其他蜥蜴个体更为有利。这个例子完美印证了达尔文的自然选择学说。没有脚的蜥蜴就这样慢慢地进化成了蛇。

● 用进废退论

长颈鹿的祖先为了能够吃到树叶，拼命伸长脖子。久而久之，它们的脖子就变得很长，能够到树叶了。

● 自然选择学说

长颈鹿的祖先当中由于偶然的变异，出现了长脖子长颈鹿和短脖子长颈鹿。最后，只有能够到高处树叶的长脖子长颈鹿存活了下来。

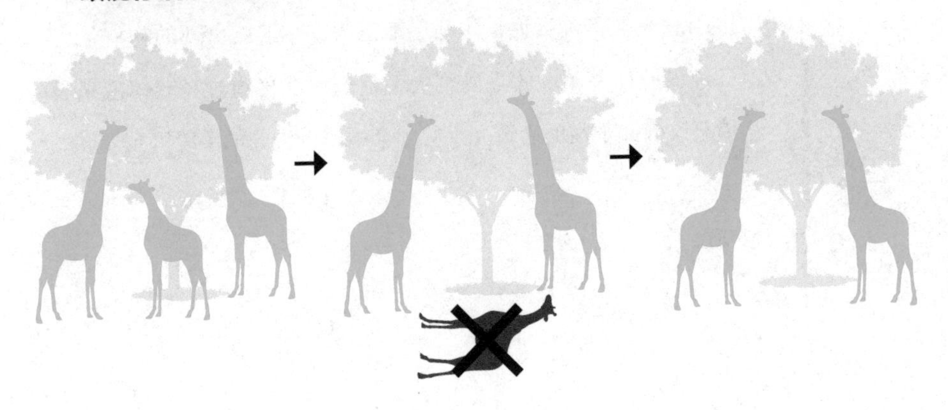

人类的体毛为什么消失了？

日文中指代哺乳动物的“けだもの”（兽类）这个词，其词源是“毛のもの”（长毛的东西）。毛发是哺乳动物的一大特征。人们认为，体毛的作用是维持体温及保护体表。

但是，也有没有体毛的哺乳动物。比如像鲸鱼这类水生生物，为了减少在水中游泳时的阻力，而没有体毛。再比如居住在温度较高地区的大型犀牛、象等动物，为了避免体温升高过高，也没有体毛。人类的体毛也并不多。那么，为什么人类的体毛比较少呢？

曾经，达尔文提出的性选择理论被视为解释这一问题的有力学说：人类体毛退化，是为了迎合异性喜好的进化的结果。体毛稀疏的男女繁殖的概率高，因此人类的体毛逐渐稀疏。

但是近年来，另一种学说十分具有说服力。该学说认为人类在获得双足行走的能力、生活方式发生了巨变后，体毛才逐渐消失。在人属出现之前，人类的祖先猿人南方古猿其实是有体毛的。然而伴随着它们从森林走向草原，移动范围不断扩展，会使体温上升的体毛反而成了麻烦。逐渐变大的大脑，对体温的上升也很反感。

因此，也有人认为，体毛逐渐消失，在人属出现的初期他们就已经没有体毛了。体毛的消失使他们无法再通过竖起体毛来表达愤怒，因此丰富的表情和手势才会被作为沟通的手段得到发展。

● **人类的进化**

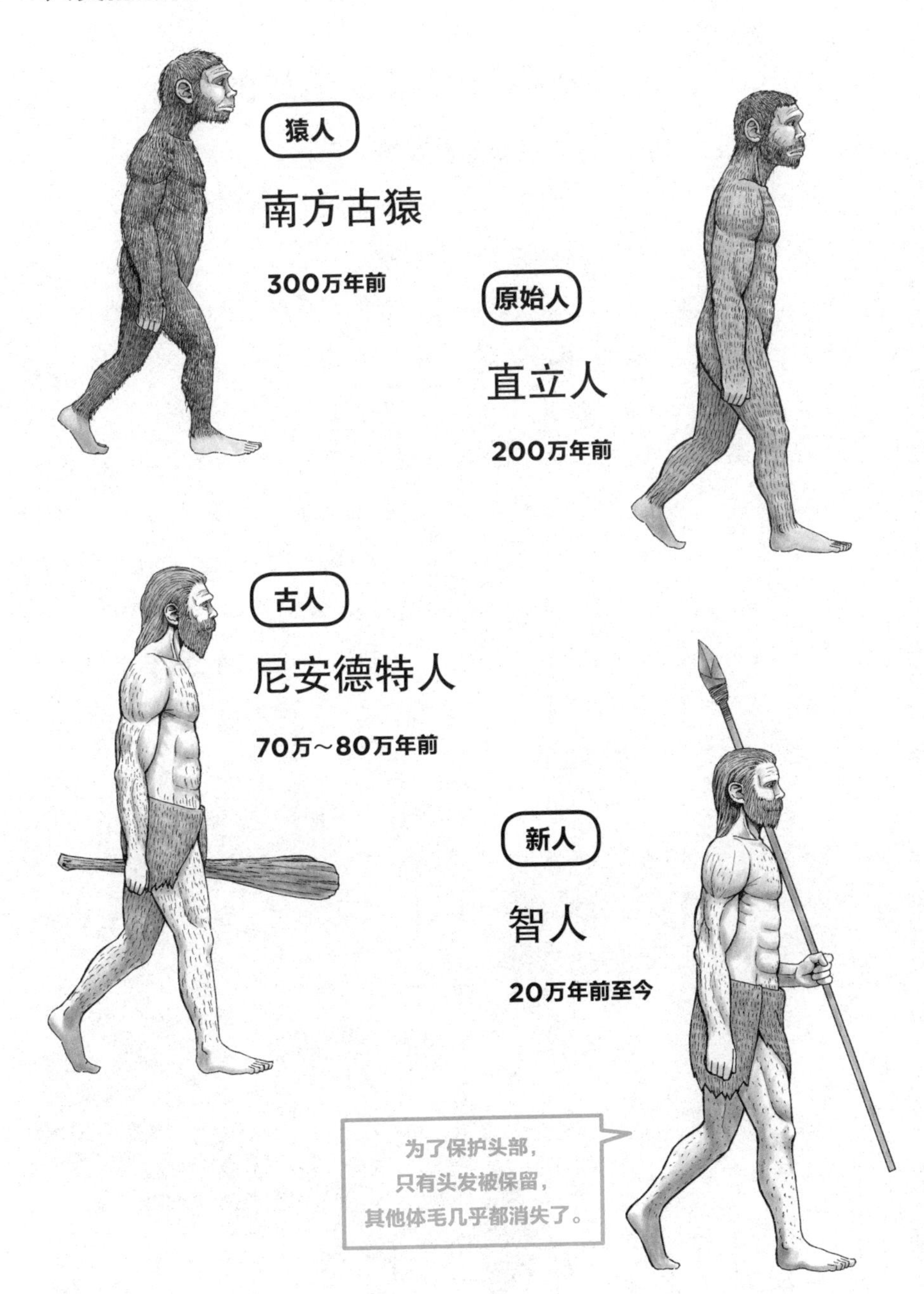
猿人
南方古猿
300万年前
原始人
直立人
200万年前
古人
尼安德特人
70万～80万年前
新人
智人
20万年前至今
为了保护头部，
只有头发被保留，
其他体毛几乎都消失了。

企鹅不会飞是进化造成的？

自然选择与生存竞争

企鹅在陆地上摇摇摆摆走路的样子真是憨态可掬。它们凭借着自己可爱的姿态在动物园中大受追捧。但是，只要一潜入大海，企鹅便会以令人难以想象的敏捷身手追捕猎物，其敏捷程度甚至让人想用“飞翔”来形容。曾经，企鹅好像真的在空中飞翔过。

毫无疑问，企鹅属于鸟类。由于企鹅身体里还保留有龙骨突、尾椎骨等飞禽的特征痕迹，因此人们认为企鹅曾经也有飞翔的能力，那么是什么原因导致企鹅不再飞翔了呢？其实，很长一段时间以来，企鹅的进化过程都未得到科学的解释。近些年来，通过调查研究与企鹅一样有着优秀潜水能力的厚嘴海鸭的行为，终于揭开了企鹅不能飞翔的谜底。研究显示，厚嘴海鸭飞行时能量的消耗量，远远高于鸟类的平均能量消耗量。由此，科学家们推断，在相同状况下，企鹅最终放弃了对身体而言负担更重的飞翔这一选项。

被证实曾经在天空中翱翔过的企鹅种群，身体的姿态也发生了与其他鸟类不同的变化。企鹅的体型逐渐变大，变得更能存积脂肪。翅膀变成了更适合划水的“脚蹼”，在陆地上行动时的姿势变为直立姿态。人们认为，企鹅之所以在陆地上直立行走，与陆地上没有其天敌有关。

2
细胞的构造及功能

人体是由多少个细胞组成的？

多细胞生物及个体的组成

地球上生命的诞生发生在约40亿年前。具有相互连接特性的复杂的分子聚集在一起，形成了最早的生命体。

生命诞生的初期，仅仅只有一个细胞（单细胞生物），细胞与细胞聚集在一起，相互补充各自具备的功能，便出现了多细胞生物。

细胞的英文单词是cell，和制表软件Excel中的“cel”词源相同，都来源于希腊语，意思是“小小的房间”。与词源含义相同，这个由细胞膜包裹着的小房间中，容纳着包含遗传信息的细胞核、生产能量的线粒体、制造蛋白质的核糖体等小的细胞器（见第23页）。生命活动的最小单位是细胞。

“多细胞生物”，指的是由多个细胞组成的生物体。那么，生物究竟是由多少个细胞组成的呢？

让我们以人体来举例说明吧。平均每1千克人体中就含有1兆[1]个细胞。也就是说，一个体重为60千克的人体内，含有的细胞数量约为60兆。这些细胞每天都在执行着自己的工作任务。

此外，根据种类的不同，细胞更新的周期也不一样，从1天到几个月不等，但细胞最终都将迎来死亡[2]，并由产生的新细胞来接续死去细胞的工作。每分钟都会发生数亿次细胞更迭。可以说，我们的日常生活正是由细胞的这种献身支撑起来的。

---

[1]1兆=10000亿。——译者注

[2]骨细胞的寿命长达数十年。

● **人体的构成**

细胞

200~250种
约60兆个

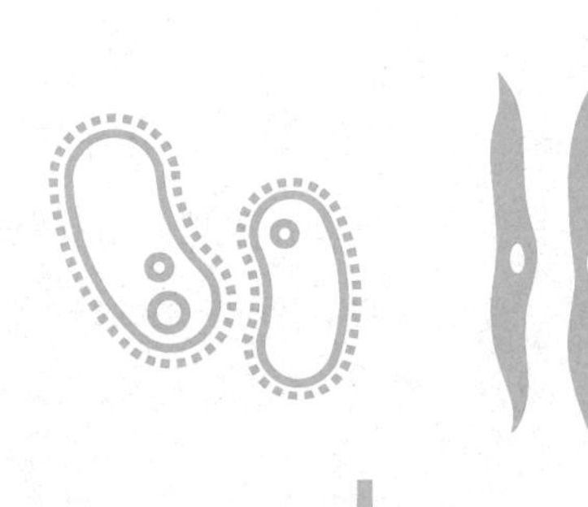

组织

细胞的集合

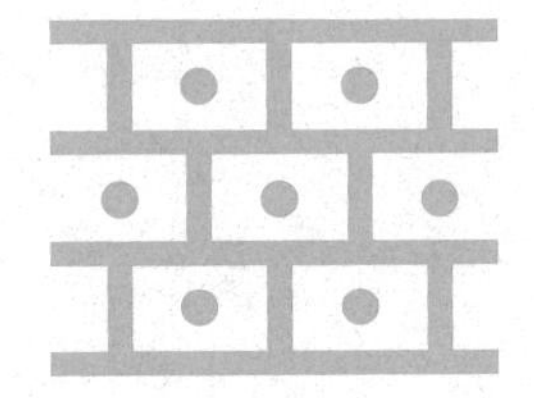

器官

组织的集合

个体

器官的集合

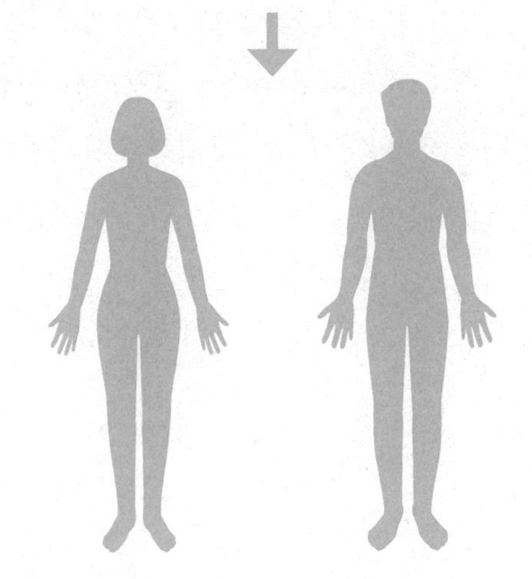

大象和蚂蚁的细胞大小相同吗？

个体及细胞的大小

或许有人认为，大象的身体那么庞大，它们的细胞一定也很大。但其实，细胞不论种类，大小都是差不多的。其大小几乎都集中于1毫米的千分之一范围，也就是微米的数量级单位之内[1]。这也就意味着，无论是大象还是蚂蚁，其细胞大小基本上是没有区别的。只是，它们在数量上却有着极大的差异。生物体的细胞数量是每千克1兆个左右，所以大象和蚂蚁在细胞数量上的差异一目了然。

为什么生物体的大小没有导致细胞的大小发生变化呢？以下列举的两点原因可以解答上述问题。

第一，细胞大小因物质输送的需要而受到限制。细胞受遗传信息控制，时常进行蛋白质的合成。之后，为了供给生命活动所需的能量，细胞内一刻不停地进行着蛋白质的输送。如果细胞过大，那就有可能无法迅速将蛋白质运向细胞各个角落。而且由生命活动产生的废物也会由于细胞过大而不方便排出。

第二，保证强度的需要也限制了细胞的大小。同样材质的物体，体积越大，强度就越难保证。试想一个装水的气球，其体积越小，越不容易受到摇晃等外力冲击的影响；而气球越大，其内部水的摇晃就越激烈，气球受到的影响也就越大。总而言之，越大就越容易破损。由于上述原因，细胞的大小才会维持在极小的水平。

[1]一大半单细胞生物的大小也是这样。

● 动物细胞的结构

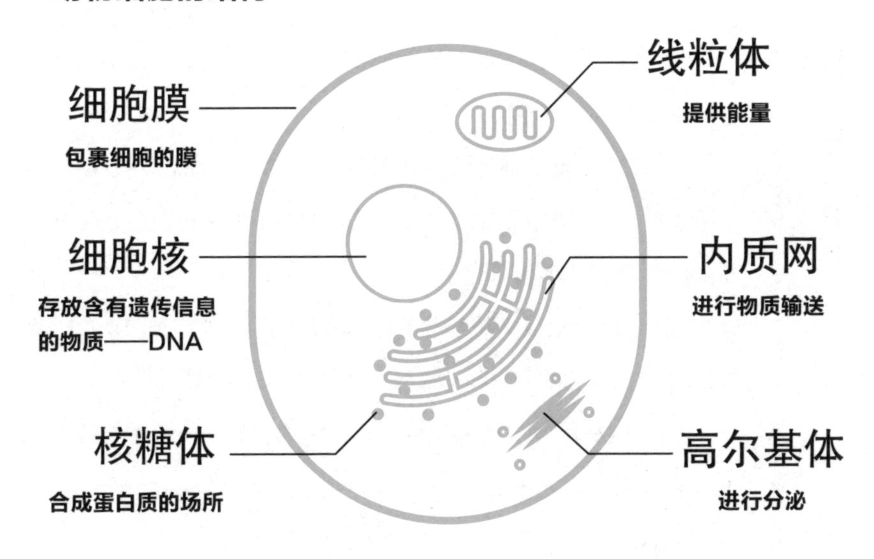

● 生物个体中的细胞数量

体重 5 吨的大象约有 5000 兆个细胞，
体重 10 毫克的蚂蚁约有 1000 万个细胞。

有用肉眼就能看到的细胞吗？

细胞的大小

细胞最早是在1665年被罗伯特·虎克用自己制作的显微镜观测到，并被命名为细胞。

到了19世纪，显微镜具备了更高的性能，对细胞的观察也在不断推进。在这一时期，人们发现生物是由细胞构成的，生物成长的原因是细胞增殖。

进入20世纪后，随着电子显微镜的诞生，细胞观测跃上了新的台阶，为生物学和医学等领域的发展做出了卓越的贡献。

回顾这样的发展历程，可以说，对细胞的研究离不开显微镜的不断发展。以人体细胞为例，人体细胞的平均大小是15微米[1]，因此用肉眼无法识别，没有显微镜就无法观察。

细胞是一种不用显微镜就无法观察到的极微小的东西——这的确是事实，但我们没有意识到，这种说法不适用于所有细胞。

比如说，大家早上吃的鸡蛋。鸡蛋中蛋黄的直径大约有3厘米，而蛋黄其实就是一个卵细胞。如果是鸵鸟的蛋，那蛋黄就更大了，有的直径甚至可达7厘米。不仅是鸟类，其他生物的卵细胞也比一般细胞要大，能用肉眼直接观测到的并不少。人类的卵细胞也不例外，直径一般在0.14毫米左右，也可直接用肉眼观测到。

此外，单细胞生物中，也有可以用肉眼直接观测到的大家伙。比如有一种海藻——气泡藻，就长达3厘米左右；还有一种生活在深海中的原生动物巨型阿米巴虫，其直径甚至可达20厘米。

[1]微米符号为μm，1微米是0.001毫米。15微米就是0.015毫米。

● 多种细胞的大小 ※图片并非实际尺寸，仅用以示意

无法用肉眼观测到的大小

原子
（0.1纳米）

用电子显微镜 可以观测到的大小
（约0.1纳米及以上）

ATP分子
（2.5纳米）

噬菌体
（150纳米）

用光学显微镜 可以观测到的大小
（约0.2微米及以上）

线粒体
（2微米）

叶绿体
（5微米）

红细胞
（7微米）

用肉眼 可以观测到的大小
（约0.1毫米及以上）

草履虫
（200微米）

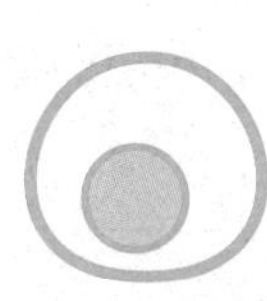

蟾蜍的卵细胞
（3毫米）

鸡的卵细胞
（3厘米）

头部受到撞击导致记忆丧失是确有其事吗？

脑部神经细胞及记忆的结构

漫画或电视剧常有这样的设定：某人头部狠狠地撞上电线杆后，竟然丧失了所有的记忆！这种事是真的吗？

脑部的神经细胞是专门处理信息、传递信息的，也是神经系统的最小单位。它的构造很独特，由含有细胞核的胞体、胞体延伸出的轴突，以及除轴突以外的短而粗的树突等组成。

在这里简单说明一下信息传递的流程吧。神经细胞感知到刺激之后动作电位发生变化，并将其作为信号在细胞间传递信息。然而，神经通道和电路是不同的，轴突的末端和接收信号的细胞之间有极小的间隙，称为突触。电信号无法越过这道间隙继续传播。生物在突触位置通过释放化学物质来传递信号。大脑中的神经细胞就是像这样通过复杂的方式连接在一起，形成通信网。总之，记忆的形成过程，就是改变神经突触处信息传递的难易程度的过程[1]。

记忆分为长期记忆和短期记忆两种。考试之前通宵记下来的东西就是短期记忆。短期记忆再长也就只能保持几天的时间。未被遗忘的记忆最终成为长期记忆，稳定存在于人的记忆当中。人们发现，这种从短期记忆变为长期记忆的过程与大脑中被称为海马体的部分有关。

由物理或心理原因造成的海马体受损，的确可能导致记忆丧失。然而头部受到猛烈撞击，导致记忆丧失……如果真达到这种强度的撞击，整个生命体都将处于危险境地。

[1]脑海中进行的信息交换越多，形成的突触也就越多。据说人一生中，突触密度最高的时期是出生后半年到一年。

● 神经细胞的构造

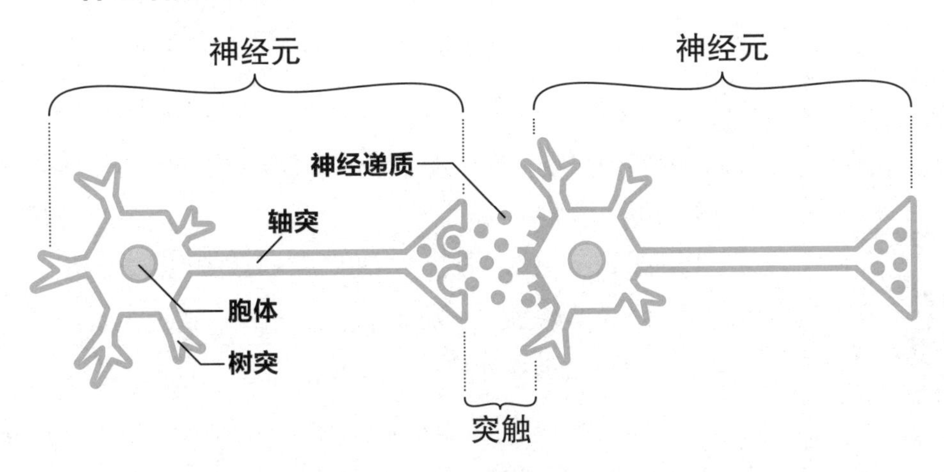

神经细胞由胞体、轴突和树突组成，也被称为神经元。神经元之间通过突触相连。通过突触将传递的电信号变为化学信号，再传向下一个神经细胞。

● 海马体和大脑皮质

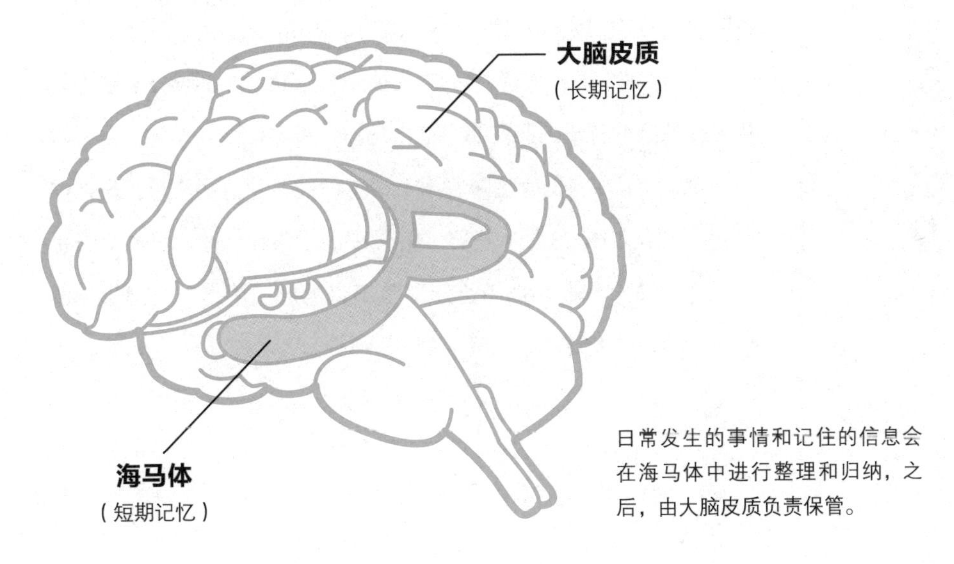

日常发生的事情和记住的信息会在海马体中进行整理和归纳，之后，由大脑皮质负责保管。

被称为『万用细胞』的ES细胞究竟是什么？

自我复制功能及多向分化功能

近年来，生命科学研究取得了卓越的进步。为医疗事业做贡献也成了生命科学研究的目标之一。比如，人工培养那些一旦遭到破坏就无法再生的神经细胞……这类与再生医疗相关、备受瞩目的细胞就是干细胞。

干细胞具有分裂出与自己完全相同的细胞的自我复制能力，以及向自体所有类型细胞分化的多向分化能力。

一般广为人知的干细胞是胚胎干细胞，其英文首字母为ES，因此也被称为ES细胞。ES细胞是从早期胚胎，也就是最后发育成完整躯体的细胞（内细胞团）中分离出的一类细胞，具有无限增殖的特性。而且，ES细胞还具备分化成各类细胞的能力，根据培养液成分的不同，ES细胞可以分化出神经细胞、心肌细胞、骨骼肌细胞、血管细胞或血细胞，甚至还可以分化出皮肤细胞。

因此，ES细胞被誉为万用细胞，其在医疗领域的运用备受期待，目前对ES细胞的研究也已经进入临床应用阶段。

然而，ES细胞的应用还涉及社会伦理问题。因为ES细胞是从由受精卵发育成的胚胎当中取出的。

取出ES细胞也就意味着摘下了生命的萌芽。即使是在发达国家，对培育人体ES细胞进行严格设限的也不在少数。日本当然也不例外，被冷冻保存用于治疗不孕不育的胚胎中，未放回母体的废弃胚胎才被允许用来培育人体ES细胞。[1]

---

[1]由日本文部科学省及厚生劳动省共同出台的《关于培育人体ES细胞的方针》所规定。

● ES 细胞的应用

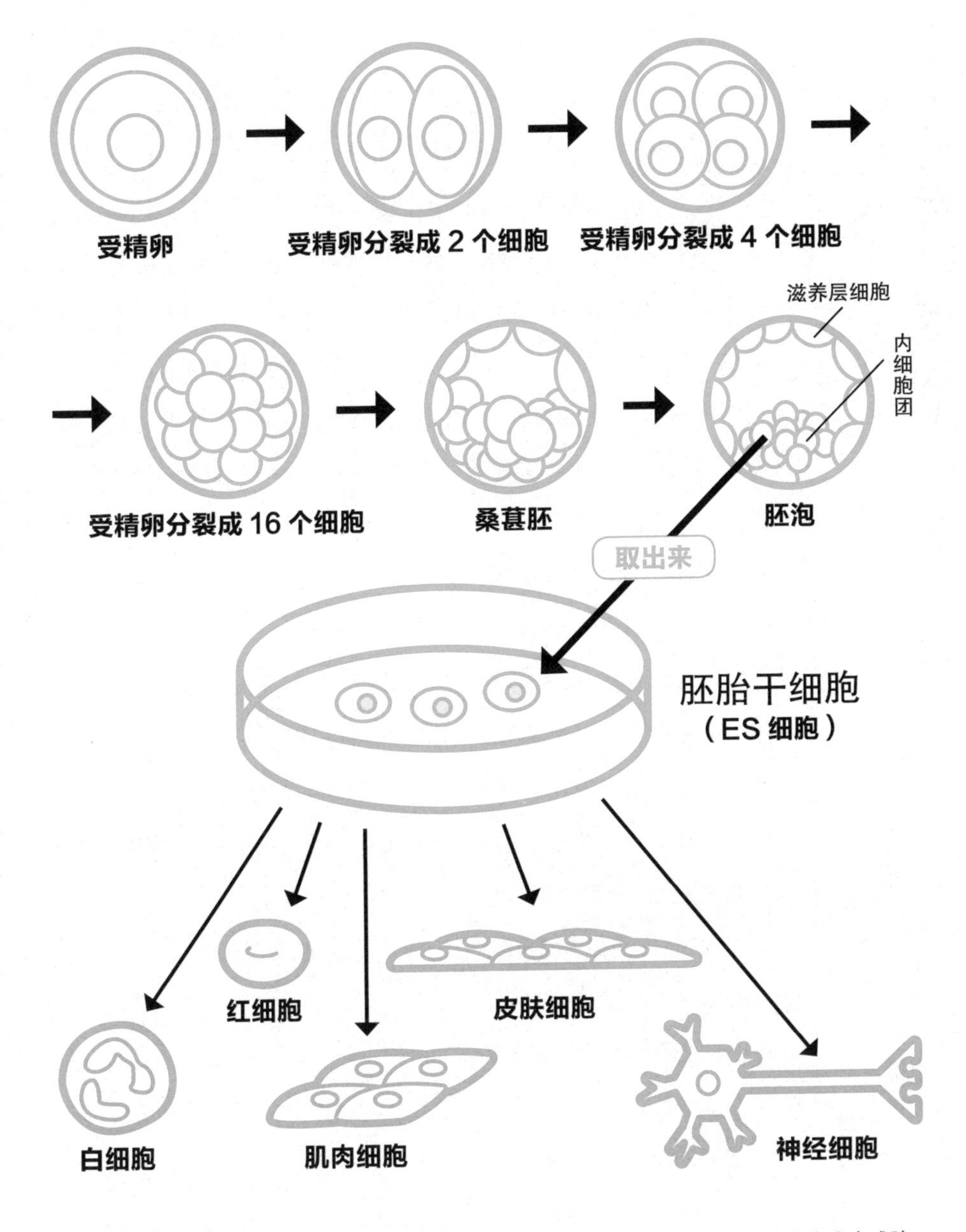

受精卵经过反复的卵裂过程后，其内分别形成将来发育成胎儿身体的内细胞团和将来发育成胎盘的滋养层细胞。从内细胞团中取出的细胞就是 ES 细胞。

iPS细胞是脱发人士的救星？

新型医疗技术的开发

人在获得生命的最初阶段，仅仅只是一个受精卵。随后，受精卵不断分裂，变成了各种类型的细胞，人也因此形成。研究者们由此联想到：如果有一种细胞具有和受精卵一样的发育全能性，那么在医疗，尤其是再生医疗领域一定会取得飞跃性的进步。于是，上一小节中提到的ES细胞产生了。然而，ES细胞要从受精卵发育成的胚胎中取出这一点涉及伦理问题，因此，使用ES细胞进行的科学研究仍面临着难以突破的壁垒，这的确是不容置疑的事实。

另一方面，iPS细胞[1]是以从生物体的皮肤、血液等组织中提取出的细胞为基础，诱导培育出的万用细胞。研究发现，只需在经过一次分化后丧失了发育全能性的细胞中加入山中4因子[2]，便可将细胞重置，使其重新具备发育全能性。以此为契机，再生医疗研究以及制药研究得到了飞速发展。

与iPS细胞相关的再生医疗研究目前已经进入临床阶段。2014年，针对由患者高龄所导致的眼部疾病黄斑变性，进行了一例视网膜移植手术。研究者及医护人员从患者本人的皮肤中取出细胞，诱导培育出iPS细胞后，使其发育成视网膜，并将人工培育出的视网膜移植到了患者体内。

除了针对脊髓受损患者的iPS细胞的临床研究之外，视神经、神经细胞等的iPS细胞诱导发育也正如火如荼地进行着，而且研究现已进展到人工诱导培育脏器的阶段。

---

[1]2006年，由山中伸弥教授带领的京都大学研究团队最早培育出人工诱导多能干细胞。

[2]与细胞初始化有关的因子。指Oct3/4、Sox2、Klf4以及c-Myc这四种。

那么，回到本节标题里的关于“脱发”的话题吧。发生秃顶主要是由于形成头发的细胞的衰亡和减少。如此说来，只要让 iPS 细胞定向分化出这些衰亡的细胞并将其植入头皮中，便可使秀发重生了……？！是不是瞬间对这项技术充满了期待呢？不过，据说在进行老龄黄斑变性手术时，仅仅是定向培育细胞就花费了 5000 万日元……

● **iPS 细胞的应用**

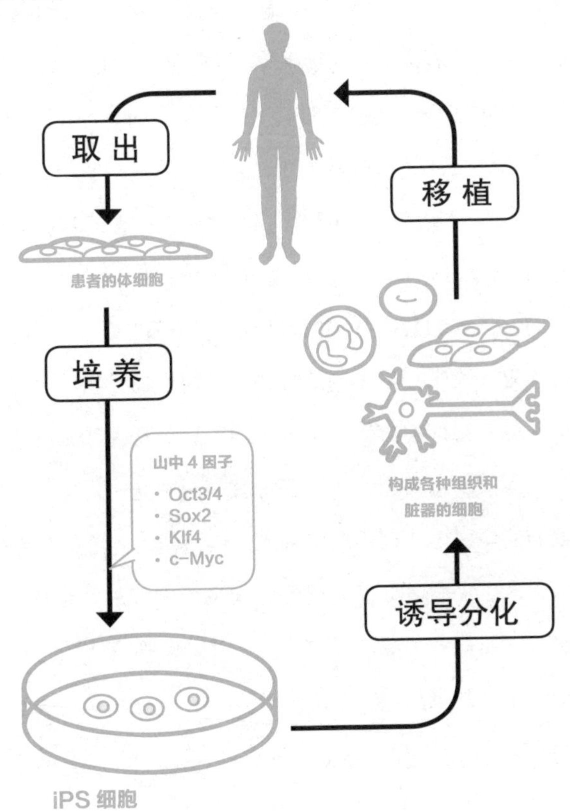

真的有笑一笑就能使其增殖的细胞吗？

与免疫相关的细胞

俗话说，“喜笑颜开迎福来”，多项研究表明，笑不仅会带来福气，还会给我们带来健康。其中，笑与免疫力的关系尤其引人注目。

20 世纪 80 年代的一项研究报告称，笑可以增强 NK 淋巴细胞的活性。以此研究内容为基础，科学家们进行了一项试验，在被试者观看搞笑节目的同时，监测其体内的 NK 细胞数量是否增加。[1]

NK 细胞中的 NK 是 natural killer 的首字母缩写，指的是我们身体中天生就具备的免疫功能。按照英文单词的原意，可以理解成“天生的杀手”。虽然是一个极易引发恐慌的名称，但 NK 细胞杀死的是癌细胞、被病毒感染的细胞等。NK 细胞其实是十分可靠的警卫员。

抗原呈递细胞，担当着人体巡逻警的角色。抗原呈递细胞发现侵入人体的异物（抗原）后，就将其吞入细胞内，并将信息传递给辅助性 T 细胞。收到信息的辅助性 T 细胞向杀手 T 细胞发出进攻的指令。杀手 T 细胞的攻击性十分可怕，威力足以杀死癌细胞。同时，辅助性 T 细胞会向 B 细胞发出指令，令 B 细胞产生捕获异物的抗体，抗体也会攻击侵入体内的异物。当同样的异物再次侵入体内时，机体便可直接产生抗体，击退异物。这也是为什么有些疾病只要患过一次，就不会再患。预防接种就是利用这一机理，将处理过后毒性较弱的病毒（疫苗）注射进入人体，让人体预先产生抗体。

NK 细胞则不在上述的运作系统中，也就是说，NK 细胞是如同自由职业者一般的存在。为了让 NK 细胞活跃起来，请记住一定要笑口常开哦。

---

[1] 在参与本次实验的 19 名被试者中，14 个人的 NK 细胞数量都增加了。

● **身体的免疫反应**

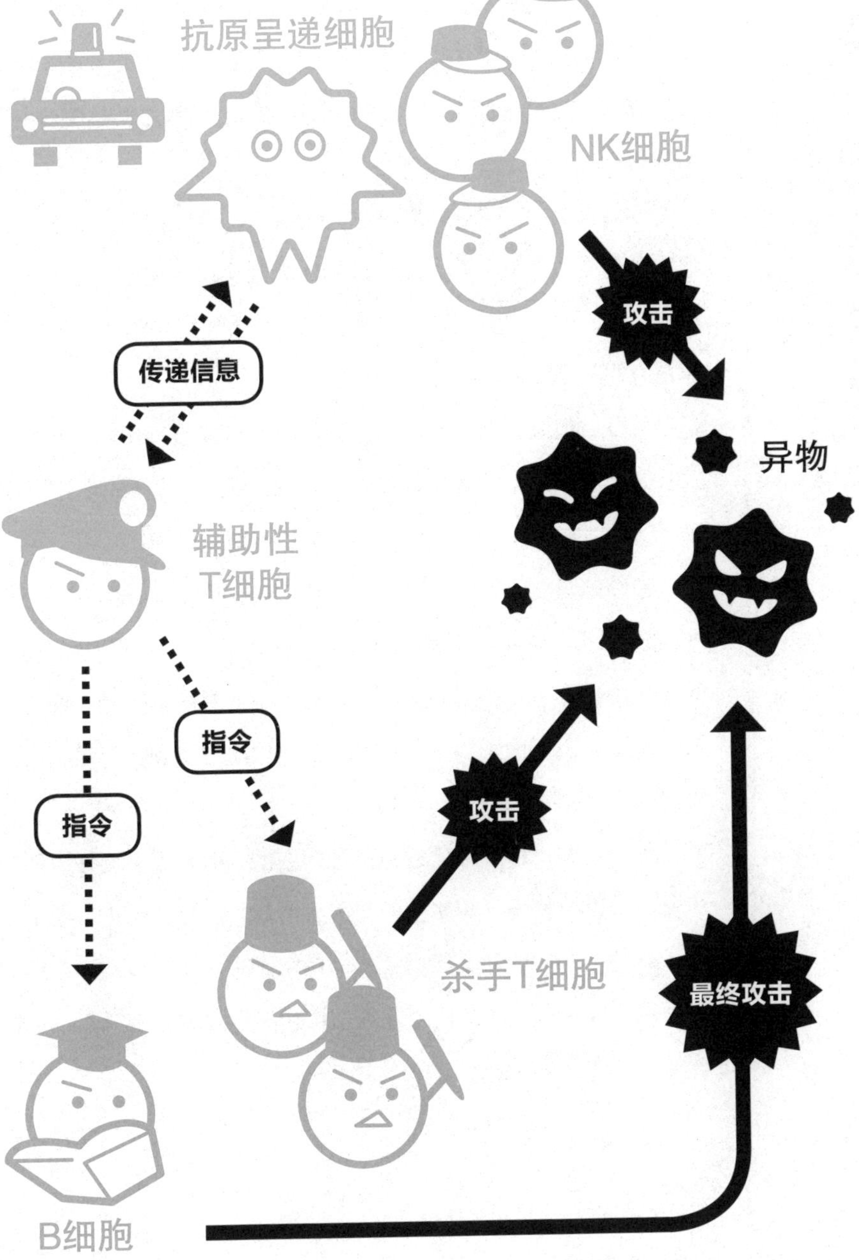

抗原呈递细胞

NK细胞

攻击

传递信息

异物

辅助性
T细胞

指令

指令

攻击

杀手T细胞

最终攻击

B细胞

身体中有自杀的细胞?!

细胞凋亡和细胞坏死

青蛙的幼体蝌蚪，其尾部大约占据了身长的一半，这令人印象深刻。当青蛙变态发育完成后，它的尾巴便会消失。青蛙在变态发育时，尾部细胞会启动事先已编制好的细胞死亡程序，也即细胞凋亡[1]。

细胞凋亡是指细胞自身选择了死亡，也可以说是细胞自杀。像青蛙的变态发育一样，凋亡细胞的基因中已预先编制好在固定时间、固定场所的自杀程序。也就是说，细胞凋亡并非是冲动的死，而是一种下定决心的自我了断。

另外，细胞在遭遇异常情况时，也有可能自行了断。我们可以将这种情况比喻成是细胞在特定条件下启动了“自爆装置”。为了清除对生命体有害的细胞，细胞凋亡就开始了。

在细胞凋亡的进程开始之后，细胞内的细胞核会先发生巨变。细胞核浓缩，DNA 被降解为小片段，最终凋亡细胞被分解为零散的几个凋亡小体。之后，再经过巨噬细胞等吞噬细胞的吞噬，凋亡细胞便完全消失了。整个过程中，凋亡细胞没有任何细胞内容物流出，这实在让人惊讶。

与细胞凋亡形成对比的另一种形式的细胞死亡，被称为细胞坏死。坏死细胞的细胞胀大，细胞膜溶解，内容物流出。细胞坏死可以说是一种被动的细胞死亡，是由感染、物理性破坏、损伤等原因造成的，比如由摔跤导致的擦伤所引发的细胞死亡，也可称为“事故造成的死亡”。

[1]细胞凋亡（apoptosis），源于希腊语，枯叶凋零的意思。

● 细胞凋亡和细胞坏死

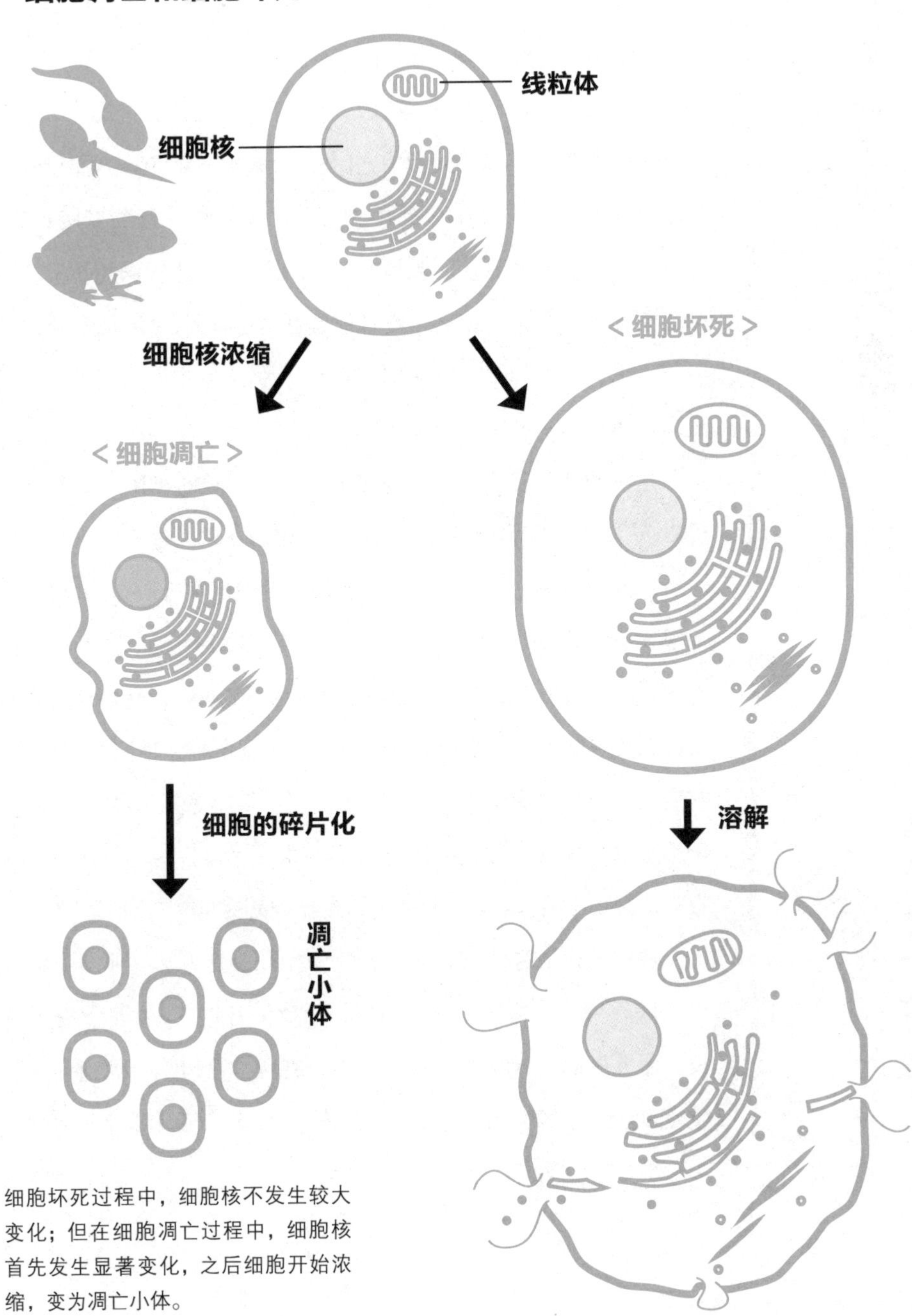

细胞坏死过程中，细胞核不发生较大变化；但在细胞凋亡过程中，细胞核首先发生显著变化，之后细胞开始浓缩，变为凋亡小体。

人能活到300岁吗？

细胞分裂的极限

2016年公布的日本男性平均寿命是81岁，女性平均寿命是87岁。然而战争[1]结束后不久，1947年日本男性的平均寿命仅为50岁，女性的平均寿命也只有54岁。在短短不到70年的时间里，男性和女性的平均寿命都提高了30多岁。按照这样的发展趋势，人们似乎可以长生不老，永远活下去，近年来，这种渴望长寿的期待逐渐强烈了起来。也有研究者信誓旦旦地宣称，“人类寿命的极限将会消失，人们甚至能活到300岁”，但从生物学角度来说，人最多能活到120岁是较为主流的观点。

这种说法的依据之一，是细胞的分裂次数的极限（海弗里克极限）。动物的细胞分裂虽然可以反复进行，但经过一定次数分裂之后，就无法再度分裂。而人类的细胞分裂次数极限是50次。换算成人类寿命的时间长度，大约是120年。实际上，世界上最长寿的人的寿命是122岁，[2]正好符合海弗里克极限。然而这也并不是说，突破极限完全没有可能。只是在细胞中有一种明显的结构，它表明，细胞分裂最终会迎来极限。这一结构就是端粒。端粒位于细胞的染色体末端，细胞每分裂一次，端粒就缩短一些。科学家们认为，当端粒缩短到极限时，细胞的寿命也就走到了尽头。

那么，如果有能够防止端粒缩短的药物会怎么样呢？端粒酶作为酶的一种，具有使端粒伸长的功效，因此，它在防老化、延长寿命方面的功效备受期待。然而，有科学家指出，细胞癌变与端粒酶活性有关联，由此看来，延长寿命之路似乎没那么简单吧。

[1]指第二次世界大战。——译者注

[2]该纪录是由1997年去世的法国女性创造的。

● 决定寿命的端粒

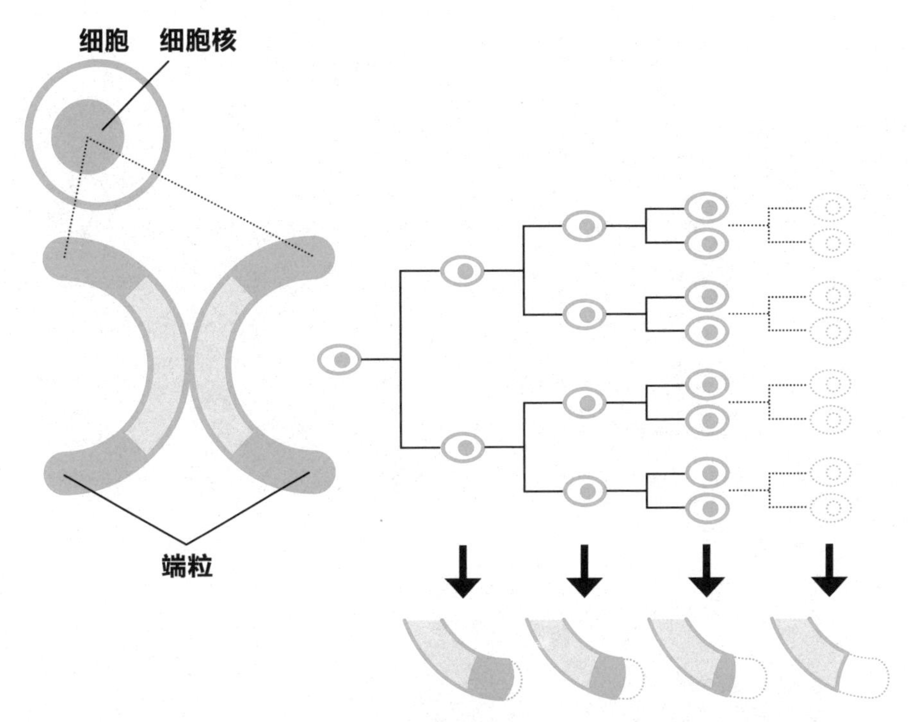

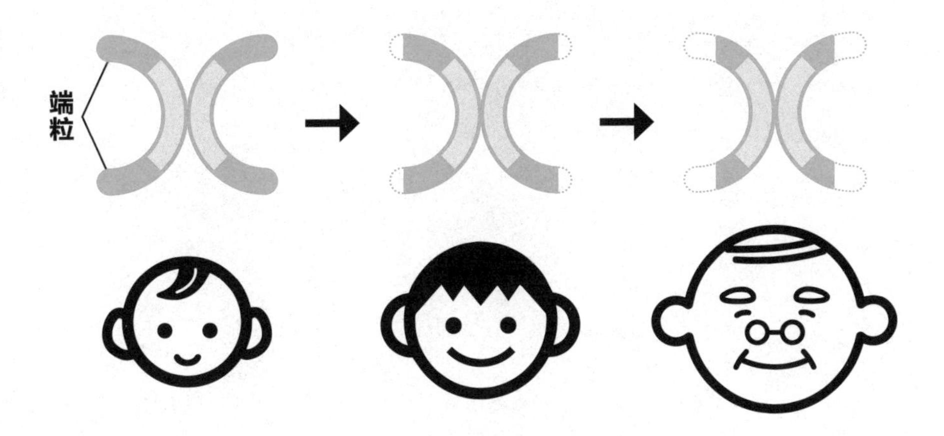

吃眼虫藻有益于身体健康吗?

单细胞生物的特征

“那个人可真是单细胞啊！”——单细胞这个词还有这种用法，这种语意下的单细胞，其实是“单纯、简单（没脑子）”的意思。但是，这种说法对单细胞生物却很失礼。它们虽然确实只由一个细胞构成，却具备了各种各样的机能。

比如说眼虫藻，它们既有能进行光合作用的叶绿体，也有用于水中移动的鞭毛，是一类既有植物特征，也有动物特征的生物。学界普遍认为，眼虫藻同时具备植物和动物的特征，是由原生动物与绿色藻类在真核细胞中的共生导致的。

近年来，眼虫藻所蕴含的潜力越来越受关注。其中一点是其含有丰富的营养物质，包括维生素、矿物质、氨基酸等 59 种营养物质，而且它还没有普通植物细胞的细胞壁，因此很容易吸收。近年来，众多生产商开始发售用眼虫藻制成的健康食品。

另一点是，眼虫藻作为生物燃料的前景也十分广阔。因为眼虫藻的细胞中含有较多的脂质，具备易燃特性。

包含眼虫藻在内的众多单细胞生物，通过分裂使得生物个体增加。只要环境易于分裂，它们增殖的速度就会远远超过有性繁殖的速度。因此，也有风险投资公司致力于眼虫藻的相关研究。眼虫藻可以说是大有前途的新型能源。

3
生物的诞生及繁殖

寿司食材中的海胆竟然是生殖腺？

海胆的卵裂及体内的组织

寿司上盖着的海胆称得上是高级食材了。若是新鲜的马粪海胆，它的美味程度简直无与伦比！那么，你知道吗？平时我们吃的黄色的部分，其实是海胆的生殖腺（精巢、卵巢）。捕捞海胆时，从外观上很难辨别雌雄，因此基本上也不会特意将雌雄海胆区别开来。这也就是说，平常我们在寿司店里看到的“盒装海胆”中混杂着海胆的精巢、卵巢，我们吃到的究竟是哪一个，只能看运气了。

然而，严格来说，海胆的精巢和卵巢还是有区别的。精巢稍硬一些，色泽更加鲜艳，味道也更浓厚；卵巢的颜色则稍浅，切开后会流出黏稠的液体，味道也比精巢更淡一些。人们一般都认为海胆的精巢味道更为鲜美。也有高级寿司店只用甄选出的海胆精巢作为食材，只是甄选精巢的成本恐怕也会加在寿司的售价中吧。

这里简单介绍一下海胆的生活环境及其生理构造。海胆分布在全世界的各处海洋中，既有生活在深海中的，也有生活在浅滩里的。海胆的腹部有口，其中长有 5 颗牙齿，常以海藻等为食。海胆体表的尖刺有保护自身不受天敌捕食的作用，同时，它就像人类的脚一样，是海胆的移动工具。

胚胎学是研究个体胚胎的一个分支，在胚胎学中，海胆是十分宝贵的实验素材。因为海胆从受精卵发生卵裂到发育成胚胎，这段过程都是透明的，可以直接观察到其细胞内部的变化。

顺带说下，海胆胚胎孵化后，经过约 64 小时，变成有三角锥状突起的长腕幼虫，此后便固定在海底，经过变态发育后成为海胆[1]。

---

[1]近期的调查研究显示，依据海胆种类及其生活环境的不同，有些海胆的寿命能超过 200 岁。

● 海胆的发育

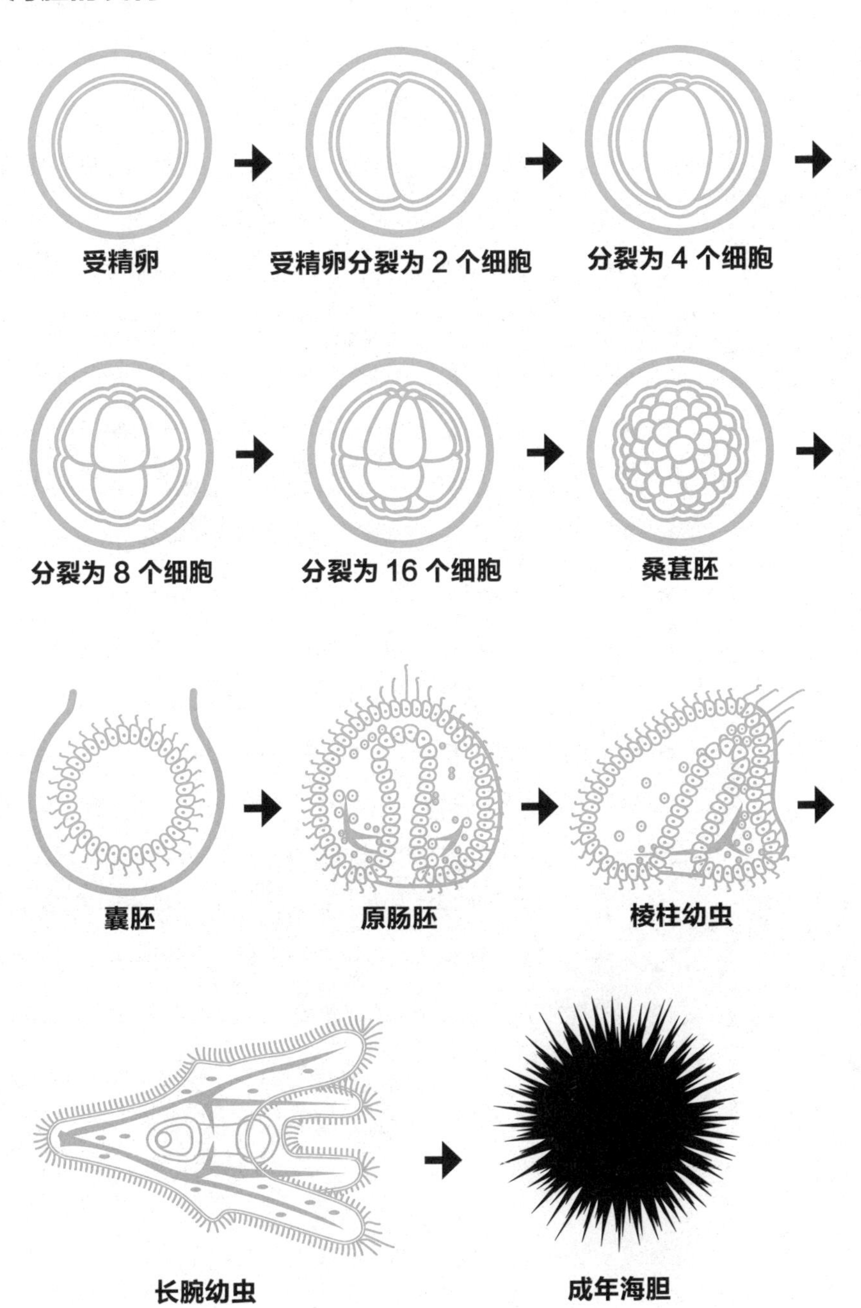

受精卵
受精卵分裂为 2 个细胞
分裂为 4 个细胞
分裂为 8 个细胞
分裂为 16 个细胞
桑葚胚
囊胚
原肠胚
棱柱幼虫
长腕幼虫
成年海胆

不开花的植物是如何繁殖的？

种子植物和非种子植物

大多数植物都是可以开花的。这些植物通过授粉受精产生的种子让子孙后代得以延续，因此，这类植物也被称为种子植物。然而，蕨类、藓类以及藻类植物，它们既无法开花，也无法产生种子，那么，它们究竟是如何繁衍后代的呢？这个问题的答案就是“世代交替”。

以山中常见的蕨类植物为例来进行说明。即使是同一种蕨类植物的种子，从外观上来看也会有两种不同的形状。因为它们分别是孢子体和配子体。我们常说的“蕨类”，其实是孢子体世代。孢子体世代的叶片背面附着一些孢子囊，孢子成熟后便会从孢子囊中散出，落到土壤表面萌发，长成配子体。[1]配子体世代则具有颈卵器和精子器，通过受精产生受精卵后，下一代重又发育成孢子体。也就是说，蕨类植物通过孢子的无性生殖方式，以及配子体中精子、卵子结合的有性生殖方式有规律地交替，繁衍子孙后代。

种子植物是从蕨类植物进化而来的，但在进化过程中，它们却选择了用种子来产生后代。这究竟是为什么呢？配子体在进行有性生殖时，要使精子游动进入卵细胞，水是必不可少的媒介。因此，在繁衍后代时，它们受外界环境的影响很大，具有一定的风险。

而种子，就完美规避了这种风险及缺点。比如说，在连日无雨的环境下，蕨类植物的配子体就会有极高的风险无法进行受精过程。但是种子却可以进入休眠状态，一直等到环境利于发芽时，再进行下一阶段的生长发育。也是因为这个优势，种子植物最终取代了蕨类植物，登上了陆地上植物主角的宝座。

---

[1]蕨类植物的配子体也被称为原叶体。

● 蕨类植物的繁衍循环

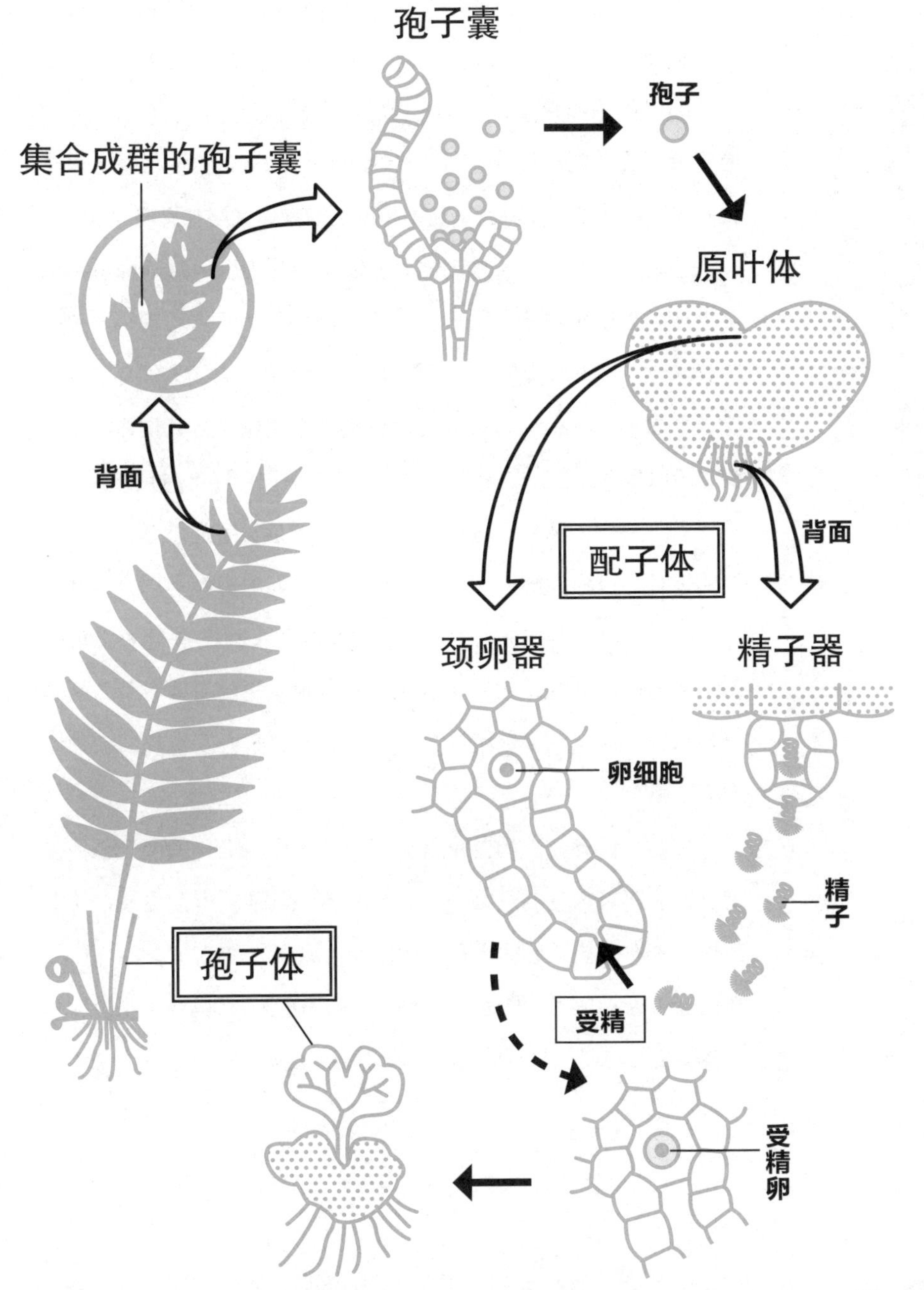

昆虫体内没有血液流动吗？

开放式血管系统及封闭式血管系统

每到夏天，常常能在路边看到被残忍地压扁的昆虫。或许是被车子撞飞的，又或许是被人踩死的……当我们不无可惜地盯着它们的尸体仔细观察，却发现竟然没有出血！仔细想想看，虽然毛毛虫之类的昆虫被压死时，会流出白白的或黄黄的液体，但是我们却从没看过它们流血。是不是昆虫的身体里没有血液呢？

包括人类在内的脊椎动物，血液都是从心脏经过动脉被运输至身体各处毛细血管，之后再汇集到静脉，又回到心脏，这种循环被称为“封闭式循环（封闭式血管系统）”。在封闭式循环系统中流动的血液，将有机物和氧气运输到各个组织，为其供能。而血液之所以呈现红色，是因为输送氧气的蛋白质血红蛋白是红色的。

另一方面，昆虫的血液循环系统并不是封闭式循环，而是开放式循环。血液和淋巴液这两种体液被混同称为血淋巴，血淋巴通过心脏的跳动直接流动到身体的组织间隙（血腔）。这种开放式循环系统的劣势在于无法将有机物高效地运送到身体各处，科学家们认为，这导致了以昆虫为主的具有开放式血管系统的动物体型都较小。

那么，没有血液的昆虫是如何为体内供给氧气的呢？这个秘密，就在遍布全身的气管里。观察燕尾蝶的幼虫可以发现，幼虫的体侧分布着椭圆形的小孔，这些小孔被称为“气门”。昆虫通过气门直接摄入氧气，并通过气管将氧气输送至身体的各个组织。同样地，昆虫也是通过气管及气门排出二氧化碳。

● 开放式血管系统及封闭式血管系统

开放式血管系统

没有毛细血管，血淋巴从心脏流出由动脉直接流动到各组织，再汇入静脉，回到心脏。

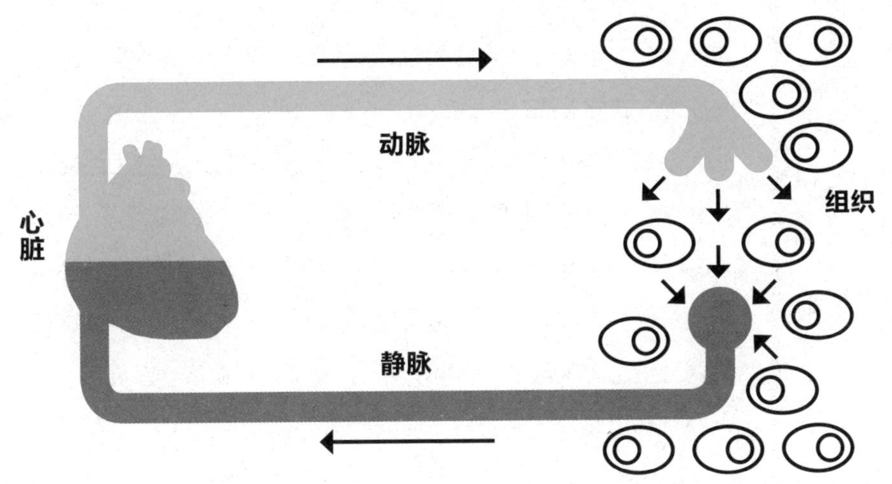

封闭式血管系统

有毛细血管，
血液通过血管进行循环。

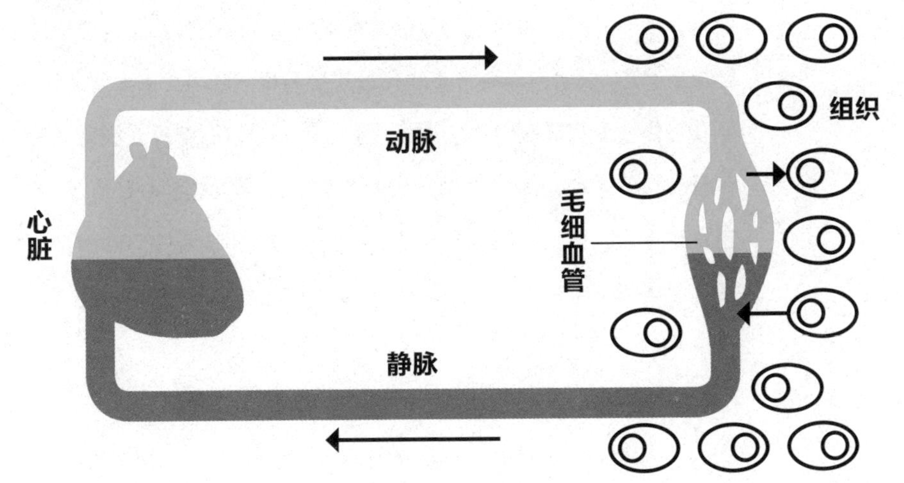

动物细胞的『预定命运』是什么意思？

胚胎的组织研究

一听到“预定命运”，大家脑海里可能会浮现出科幻或是占卜等元素，但实际上，这个词是生物学（胚胎学）的相关用语。动物的早期胚胎如果正常发育，细胞分化成哪个组织、器官，其实都是预先决定了的。细胞像这样顺利进入到胚胎发育阶段的命运，在生物学领域，就叫作预定命运。

最初发现细胞预定命运的是德国的研究员沃尔特·沃格特。他将蝾螈的早期胚胎用无害的色素进行染色，观察早期胚胎之后会发育成何种组织，整理出了“预定命运图（原基分布图）”。同是德国人的汉斯·施佩曼通过对蝾螈胚胎内的细胞移植实验，明确了细胞的预定命运是在何时起作用的。在原肠胚初期被移植的细胞，会顺从移植之后所在的那片细胞的预定命运进行分化，而在原肠胚后期移植的细胞仍会按照其之前所在区域的预定命运进行分化。

施佩曼完成了胚孔背唇移植实验。胚孔的内陷[1]导致细胞排列从一列变为外侧、内侧两列。进入到内侧的细胞群，也就是内胚层细胞，最终发育成消化管道；外侧的外胚层细胞发育成表皮和神经。此外，内、外两层的间隙之中也含有细胞群，这部分细胞群形成中胚层后，发育成肌肉和血管。胚孔最终变为口或肛门。对人类来说，胚孔最终会发育成肛门。位于胚孔上方的胚孔背唇部位在胚胎发育时有独特的举动，因此他认为，胚孔背唇是对其周围尚未分化的细胞发出指令，敦促它们“变成这种细胞”的“组织者”。如此看来，胚孔背唇确实像组织者一样，在胚胎发育的过程中承担着核心重任。

[1]胚孔是指胚胎在发育到原肠胚的过程中发生向内凹陷的凹陷入口部分的细胞组织。细胞从胚孔处嵌入内部的现象称为内陷。

● 施佩曼的胚孔背唇移植实验

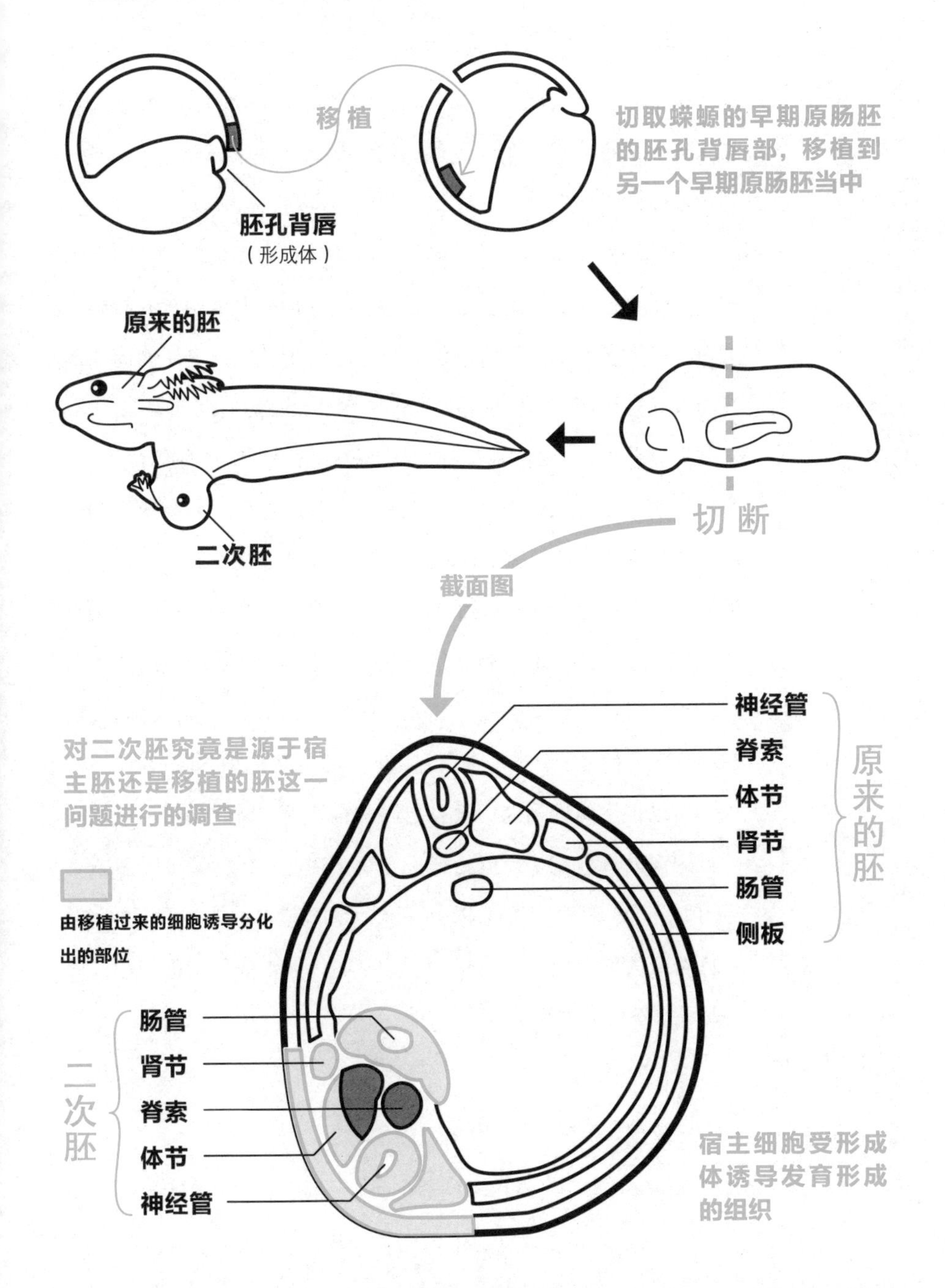

蜥蜴的尾巴可以无限再生吗？

动物的自切及再生

“蜥蜴切下尾巴”这句俗语的意思是，在人类社会中，通过解决细碎的事情来避免矛盾激化，让问题不至于影响到主体。蜥蜴在快被天敌捕获时，会自行截断尾巴从天敌手中死里逃生，这一行为被称为“自切”，上述俗语用的正是蜥蜴的自切行为的比喻意。

自切，和其字面意思一样，指的是自行切断的行为，而不是被天敌切断。切断的部位也是预先决定好的。脊椎中含有特定的关节，称为自切面，从自切面处可以轻易地截断，自切面周围的肌肉具有易于截断的构造。被截断的尾巴会在短时间内维持摆动，以此吸引天敌的注意力。在此期间，蜥蜴就一溜烟儿跑掉了。

失去了尾巴的蜥蜴，之后怎么样了呢？首先，截断面处的肌肉会收缩止血。接下来，上皮细胞覆盖在截断面上，新的血管逐渐形成。直到这一步骤，都还只是应急措施。之后，便进入尾部再生的阶段。神经干细胞、肌肉纤维形成后，尾巴中心的软骨重新长出。但是新长出的尾巴和原来的尾巴并不完全一样，新长出的尾巴既没有脊椎，也常常出现比原先的尾巴更短的情况。[1]

尾巴再生的蜥蜴因为没有脊髓和自切面，因此无法再在相同的自切面处进行自切，但是据说自切 2 次之后，就又可以切断再生的部位了。然而，自切并不是可以无限发动的技能，因为再生需要耗费极大的能量。对蜥蜴而言，自切只能作为保留的绝招，而且是关乎性命的大绝招。

[1] 有些种类的蜥蜴，也有可能无法再生。

● 自切的动物及其自切面

头部再生的扁形虫为何记忆还会保留？

动物除脑之外的记忆装置

有一种叫作扁形虫的生物。在日本的河川中即分布着扁形虫的一种——涡虫。从进化的过程来看，扁形虫是位于原口动物和后口动物[1]分界点上的一类生物。扁形虫有最原始的脑部构造。它最大的特点，就是其惊人的再生能力。比如说，一个扁形虫个体被从腰部分成了两部分，有脑的那一部分会长出下一半身体，而腰部以下的部分则会长出含头部在内的上一半身体。不仅被切成两段的会这样，就算被切成三段、四段，更多段，每一段都能够再生出一个完整的个体。

美国塔夫茨大学的泰·肖穆莱特等人注意到扁形虫极强的再生能力，进行了以下实验。他们对原本具有避光性的扁形虫进行训练，让被试扁形虫产生“有光的地方就有食物”的记忆后，切断扁形虫。之后对再生的扁形虫进行研究，看其是否还保留着通过训练得到的记忆。通过将再生扁形虫的行为与没有接受过训练的扁形虫的行为进行比较，获得实验结果。

最开始，再生扁形虫与未接受过训练的扁形虫到达食物放置处所耗费的时间并没有区别。但是，当对它们进行训练后，两类个体出现了显著的差别。

这意味着，曾经接受过训练的扁形虫回忆起了它们之前的经历。这应该是因为从尾巴再长出头的再生扁形虫个体的新的“再生脑”发挥了作用。这个事实让人们不禁期待，记忆不仅可以储存在脑中，还可以储存在其他部位。

[1]原口动物是早期胚胎形成的胚孔直接发育成口的动物；而后口动物的胚孔并不发育成口，口由其他组织重新形成。

然而遗憾的是，这一假说现阶段还未被证实。但是，如果记忆真的可以储存在除大脑以外的部位，那么针对阿尔茨海默病或认知障碍等与记忆相关的疾病或许就会有有效的解决方案了吧。

● 扁形虫的再生

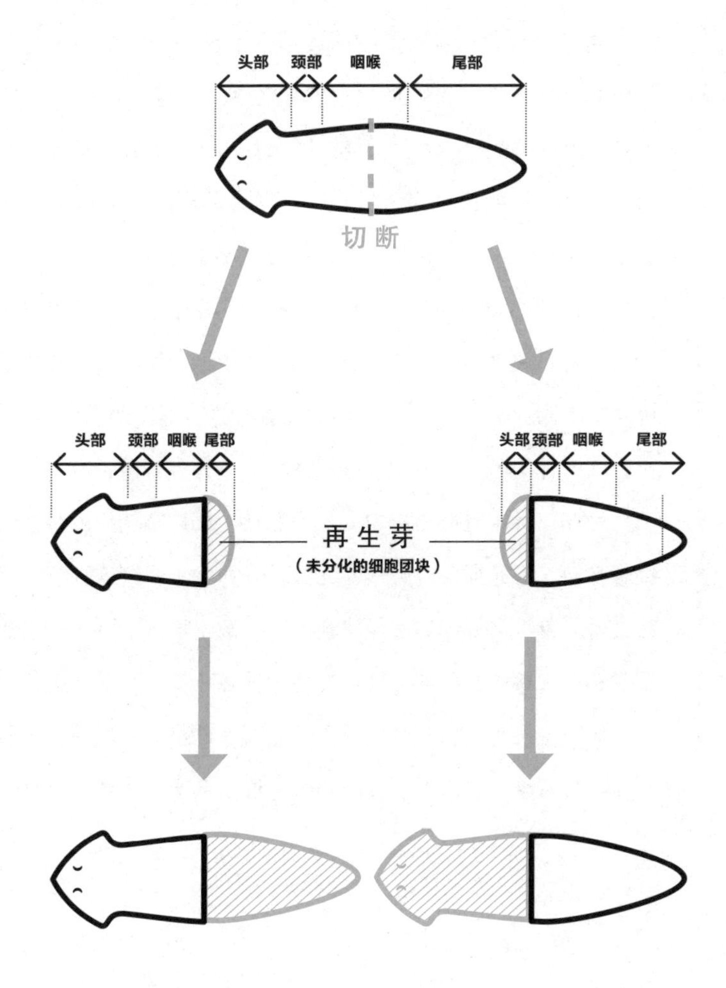

植物的交配

作为樱花代名词的染井吉野樱竟然全是克隆的？

一到 4 月，天气预报不仅会播报天气，还会预报樱花开花的时间。对今天的日本人来说，樱花就是这样一种与人们的生活息息相关的花。

通常我们所说的“樱花”指的都是染井吉野樱。但是你知道吗？现在日本从北向南全国都栽种的这种樱花树，其实是由一棵樱花树克隆出来的。

通过分析染井吉野樱的遗传因子发现，这种樱花是由江户彼岸樱和大岛樱杂交产生的。它的起源被认为是江户时代末期，花木匠人聚集的江户染井村[1]出产的“吉野樱”。吉野是日本奈良县的一个地方。或许是因为吉野这个地方的樱花声名远扬，所以花木匠人才会借用它的名气给本地培育的樱花命名吧。

“吉野樱”改名叫染井吉野樱是在明治时期。一位叫作藤野寄命的学者在观察上野公园的吉野樱时发现，吉野樱与吉野地区的山樱属于不同的品种。因此，藤野寄命就把这种樱花的发源地染井村，作为该树种的名字，将这种樱花命名为染井吉野樱。

由于染井吉野樱具有自交不亲和性，即使有花粉进行授粉，也很难受精。因此染井吉野樱花无法结果，除了嫁接这种“克隆”方法之外，再没有别的方法能使得该物种数量增多。所有的染井吉野樱都是有着相同基因的克隆树，原因就在于此。然而，染井吉野樱也并非完全没有繁衍后代的能力。它们有的可以和当地生长的野生樱花树进行杂交。但对现存的物种来说，杂交会造成基因污染。

---

[1] 位于现在的东京都丰岛区驹入地区附近。从江户中期至明治时期一直因其“园艺街区”的美誉而繁荣昌盛。

● 染井吉野樱的自交不亲和性

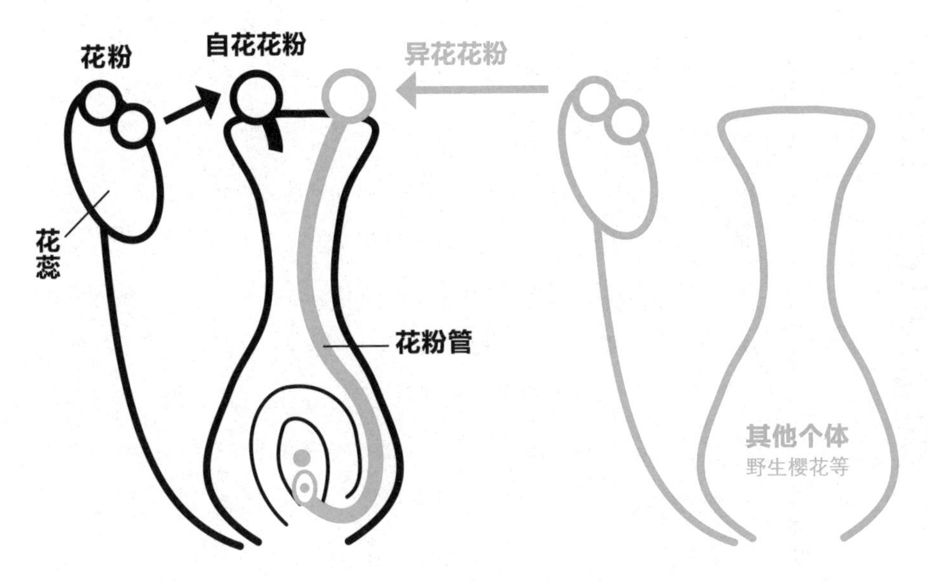

自交不亲和性的植物在自花传粉时花粉发芽、花粉管伸长等过程受到阻碍。但通过其他个体的异花传粉过程可以正常受精。

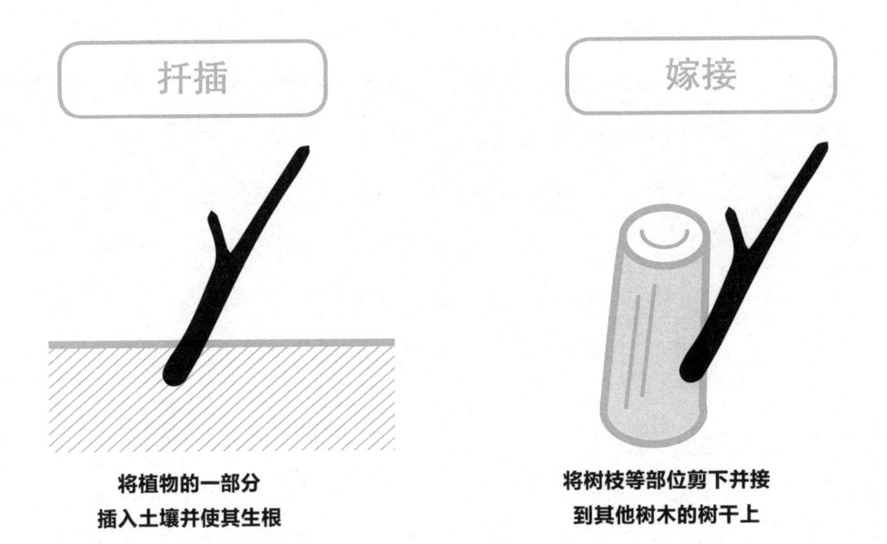

克隆技术的目的究竟是什么？

生殖技术的运用

1996年的英国，一只小羊出生了。围绕着这只被命名为“多莉”的小羊的诞生，全世界都开始议论纷纷。为什么一只羊能引起全世界的广泛关注？因为“多莉”是一只克隆羊。

在这之前，在畜牧业等领域中，也曾使用过利用受精后处于发育初期的胚胎培育出个体的克隆技术。但是多莉的诞生，采用的是从一只成年母羊的体细胞中取出细胞核，并让其与未受精的卵细胞进行细胞融合的方法，因此多莉的出生是一项划时代技术的成果。

除了一部分无性生殖的动物之外，包括人类在内，地球上的生物都是通过有性生殖繁衍后代的。有性生殖时，通过不同基因片段的重新组合，保证了基因多样性。但是多莉的基因与母亲（提供乳腺细胞的母羊）完全一致。

以多莉的诞生为契机，如果将这项克隆技术运用到人类身上，理论上讲是可以复制人类的，会让全世界都为之震撼。举一个极端的例子，如果从像爱因斯坦一样的天才的体细胞中取出细胞核进行移植，就能培育出另一个天才……这种行为，极易引发关于人种优劣的思想，针对这种危险性极高的技术，各国都出台政策，严令禁止将克隆技术运用于人体。

然而，克隆技术本身所具有的巨大优势还是备受人们期待的，无论是稳定地供给食材、制造医药，还是培育用于移植的脏器等，克隆技术都能大放光彩。而且也有研究人员称，已经灭绝了的物种，比如说长毛象，利用它们残留的细胞或许可以使它们复活。[1]

---

[1]美国的哈佛大学医学院正在进行此项研究。

● 克隆羊“多莉”的诞生

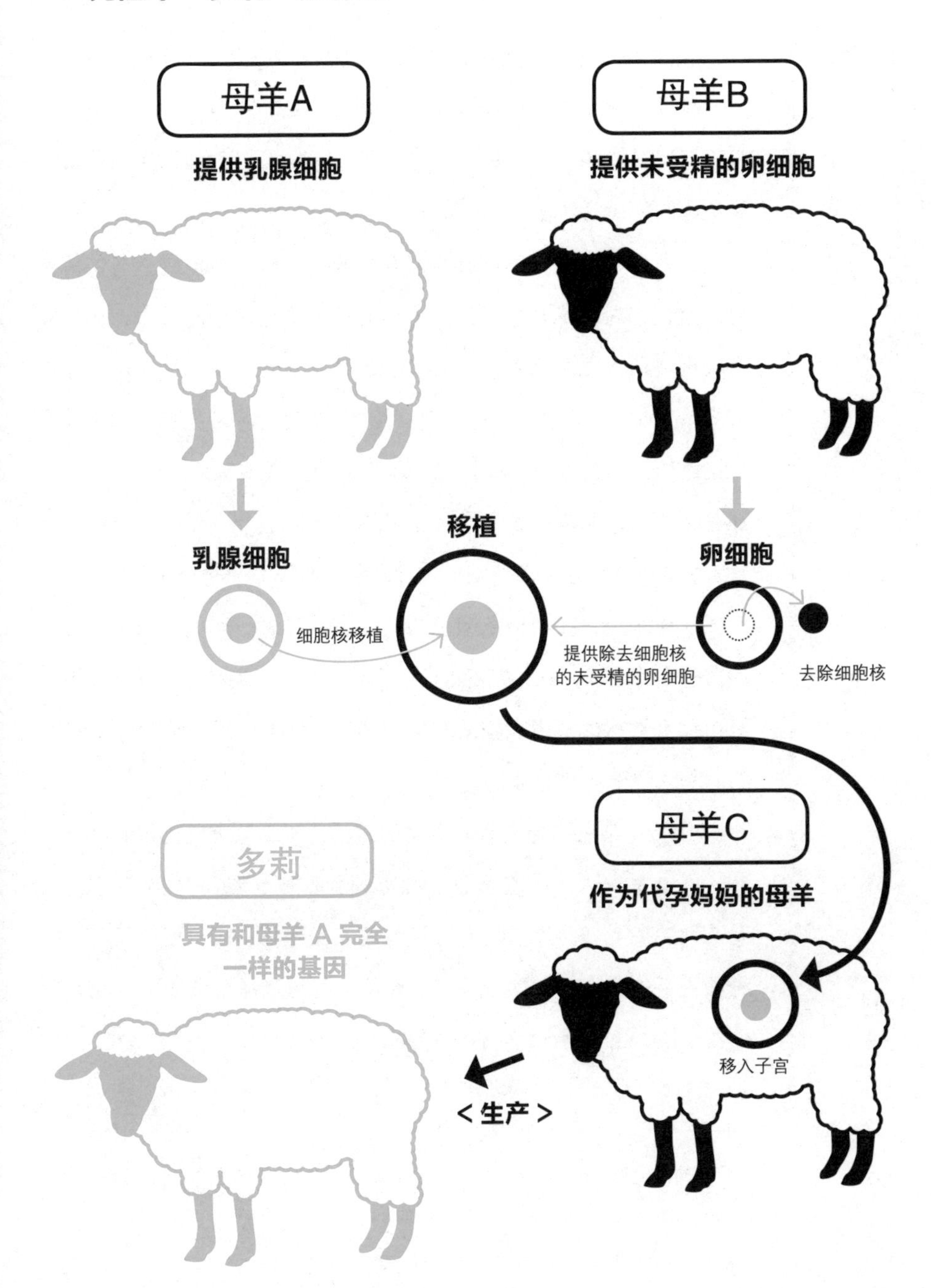

母羊A
提供乳腺细胞
母羊B
提供未受精的卵细胞
移植
乳腺细胞
卵细胞
细胞核移植
提供除去细胞核
的未受精的卵细胞
去除细胞核
母羊C
作为代孕妈妈的母羊
多莉
具有和母羊 A 完全
一样的基因
移入子宫
< 生产 >

花猫为何全是母的？

X染色体的失活

花猫指的是毛皮的颜色有褐色、黑色和白色三种混杂的猫。在日本花猫很常见，但据说在外国却很少见。原型来自日本猫的日本短尾猫“Mike[1]”似乎人气很高。花猫之所以全是母猫，与X染色体的失活现象有着密不可分的关系。

染色体是出现在细胞分裂时期的棒状结构，承担传递遗传信息的重任。人、猫等大部分哺乳动物在常染色体的基础上，还具有决定性别的性染色体，即X染色体与Y染色体。如果一个个体有2条X染色体，则表现为雌性性状；若有1条X染色体和1条Y染色体，则表现为雄性性状。雄性只有1条X染色体，而雌性却有2条。为了防止X染色体上的基因表达过剩，雌性会让2条X染色体中的任意1条休眠。这种现象就叫作X染色体失活。

简单来说，决定猫毛颜色的基因有两类。一类决定猫是否表达白色毛的性状，另一类决定猫是否表达褐色或黑色毛的性状。控制白色毛性状的基因在猫的常染色体上，而控制褐色或黑色毛性状的基因位于X染色体上。

由于X染色体的失活完全是随机的，所以每个毛皮细胞都有50%的概率表达为褐色或是黑色毛。因此才会造成一些猫咪的毛有3种颜色混杂。公猫因为只有1条X染色体，所以没有具备两种深色毛的机会，因此，毛有三种颜色的猫全都是有2条X染色体的个体，也就是说，全都是母猫。[2]

[1] Mike是日本动画片《猫怪麦克》中的主人公。——译者注

[2] 也有极为罕见的染色体异常的公猫，其性染色体组合是“XXY”。但是这种异常发生的概率很低，几乎每3万只猫当中才有1只。

● X 染色体的失活

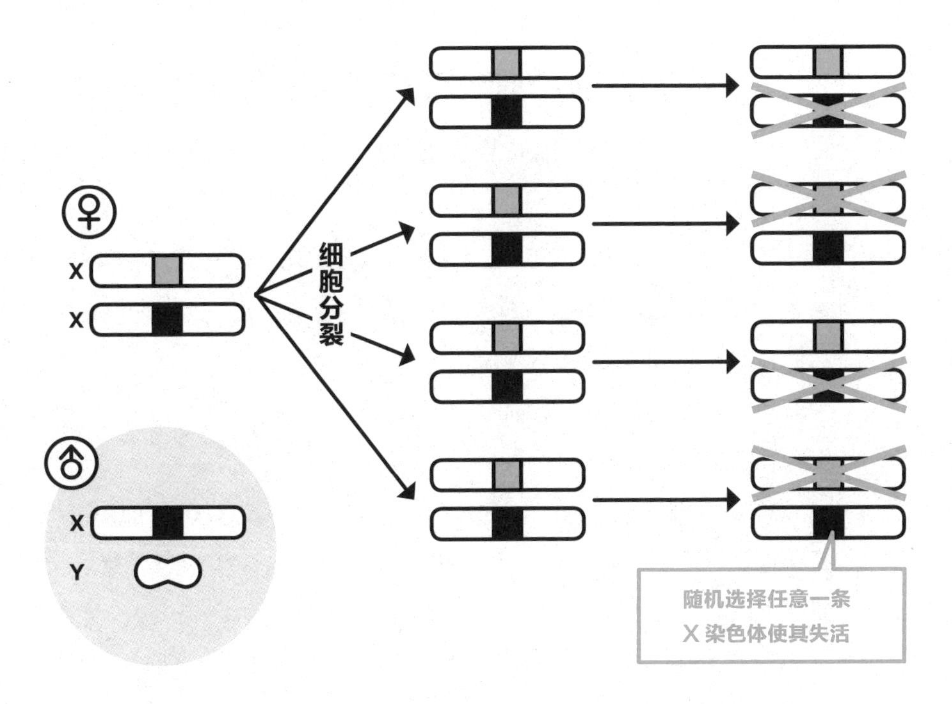

● 花猫 X 染色体的失活

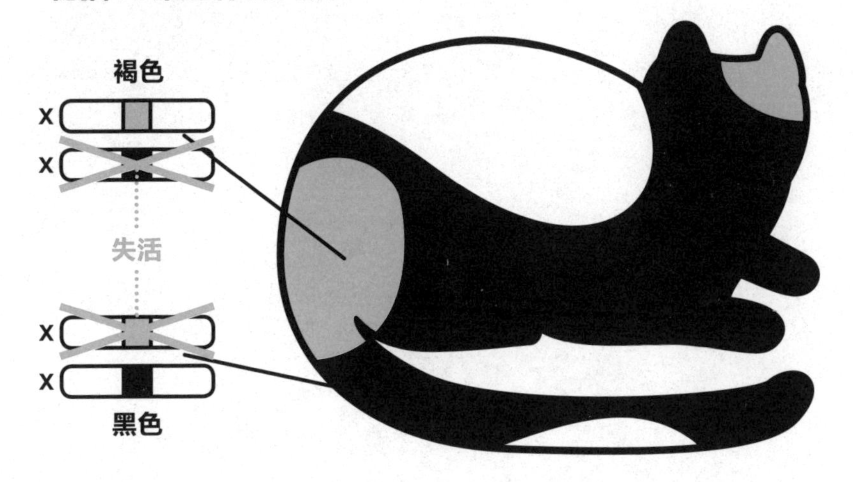

动物界中也是帅气的更受欢迎吗?

生物的求偶行为

在一些动物节目中，我们常常能看到动物在繁殖时期的一些求偶行为。有些看起来很可爱，有些看起来稍显滑稽。它们都拼命地展示自己身体上华丽的色彩或拼命舞蹈，以引起异性的注意。

一般都是雄性追求雌性。雌性如果中意某个雄性，便会接受它的求爱；如果不接受，就会潇洒地转身离开……这场景在人类社会也是屡见不鲜哪。

那么雌性动物究竟是以什么为基准挑选雄性的呢？以孔雀为例，雄孔雀在繁殖时期会张开尾屏并颤动尾羽，以此吸引雌孔雀。雌孔雀通过观察雄孔雀的样态来决定是否接受它。研究表明，雄孔雀羽毛上的目状花纹是雌孔雀进行选择时的评判标准之一。虽然孔雀并不像人一样以颜值为判断基准，但雌孔雀似乎也倾向于帅气的雄性呢。

不仅是孔雀，为了向雌性展示自己，其他“盛装打扮”的雄性也不在少数。为什么这些雄性进化出了装饰用的器官呢？

在弱肉强食的世界里生存，强大是最重要的因素。科学家们认为，这些器官作为个体强大的象征，逐渐变得发达。因为如果每次求偶都需要通过激烈的格斗和竞争，那求偶的效率就会十分低下，对物种的保存也会产生影响。

4
植物的结构

在阳台上放置植物可以降温吗？

植物的蒸腾作用

近年来，日本夏季时常出现超过35℃的高温。人们受不住暑热，依赖空调降温的结果是，引发城市热岛效应的恶性循环。在有效的解决方案尚未出现之前，人们的视线逐渐被“绿色窗帘”所吸引。让植物茂密地生长在建筑物的外墙上，不仅可以遮挡阳光，还可以通过植物的蒸腾作用使其周围的温度下降。[1]

所谓蒸腾作用，是指植物的茎、叶等器官释放出水蒸气的现象。植物在温度较高时，为降低叶片温度，会通过大部分叶片中的气孔，将体内的水分以水蒸气的形式释放到大气中。在水转变为水蒸气的过程中需要吸收热量，这不仅能使叶片表面的温度降低，也会使得周围的温度下降。请试着回想一下近来每到酷夏时节，我们总能在商业设施附近看到的雾气花洒吧。植物能使其周围的温度下降，与雾气花洒的原理是一样的。

那么，植物究竟能释放出多少水蒸气呢？这与植物的种类有关。比如说，能从土壤中吸收大量水分，并因此得名的灯台树[2]，其蒸腾出的水分也较多；而能够适应沙漠环境的仙人掌蒸腾出的水蒸气则较少，因为大部分水分都被储存了起来（见第74页）。此外，即便是同一种植物，随着温度、湿度等的变化，蒸腾量也会有变化，通常情况下，在高温、低湿的环境中，植物蒸腾出的水分会较多。

回到最初的问题，在阳台上摆放植物是否可以降温？的确，由于植物的蒸腾作用可能会使阳台的气温降低，但遗憾的是，若只摆放为数不多的几盆绿植，很可能无法起到显著降温的效果。

---

[1]适合作为“绿色窗帘”的植物有苦瓜、黄瓜、丝瓜、牵牛花、倒地铃等。

[2]灯台树的日文是“水木”，意思是可以吸收很多水分的树木。——译者注

● 植物的蒸腾作用和光合作用

植物中水的移动方向是从下至上，也就是逆着重力方向移动的。从根部到叶片不间断的水流，靠的正是植物蒸腾作用产生的向上的拉力。蒸腾作用的重要任务之一就是为植物中水的移动提供原动力。

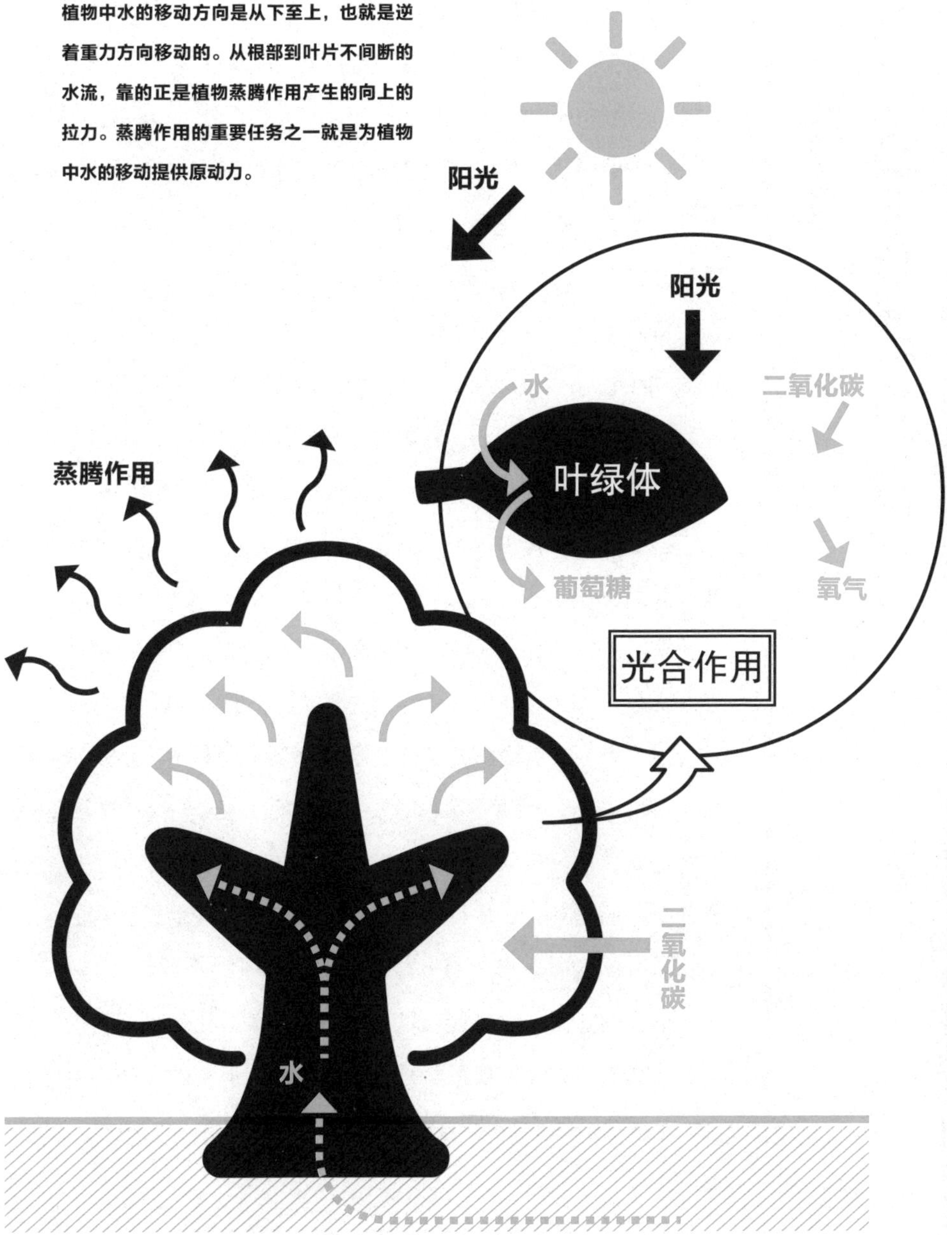

阳光

阳光

水

二氧化碳

叶绿体

葡萄糖

氧气

光合作用

蒸腾作用

二氧化碳

水

莲藕中的孔究竟有何作用?

在日本的正月料理中，莲藕常常被用作象征吉祥如意的食材。因为莲藕中有孔，所以被认为“能够预知、展望未来”。那么，你知道莲藕中究竟为何会有孔吗?

日文中的“レンコン”（莲藕）用汉字来表记的话，是“蓮根”二字。然而事实上，莲藕并不是植物的根，而是粗壮的茎的一种——根茎，其功能主要是贮藏养料。

莲必须要在淤泥中才能茁壮成长，但是淤泥中的氧气却并不充足。因此，为了将地面上的氧气输送到植物体中氧气不足的部位，莲的根茎处出现了孔洞，它确保了植物体内空气的流通，充当了通气孔的角色。

莲藕的孔洞跨越藕节，像管道一样连接着一节一节的地下根茎，也就是莲藕。

蕨类植物和种子植物体内有管状纤维组织，因此也被称为维管束植物。

维管束分为运输水的通道“导管”，以及运输养分的通道“筛管”两种。导管及筛管将植物的根、茎、叶紧密相连。有科学家认为，该构造的进化出现为大型植物的诞生做出了巨大贡献。正是由于这种结构的出现，才使得植物无论多么巨大，其生长所需的水分和营养物质都能输送到植物体内的各个角落。

话说到这里，你可能会认为，哦！莲藕的孔就是巨大的维管束吧！其实不然，莲藕虽然是维管束植物，但它的孔并不是维管束。莲藕中的孔洞是为了适应环境才逐渐进化形成的一种独特的通气孔。

● 维管束植物的构造

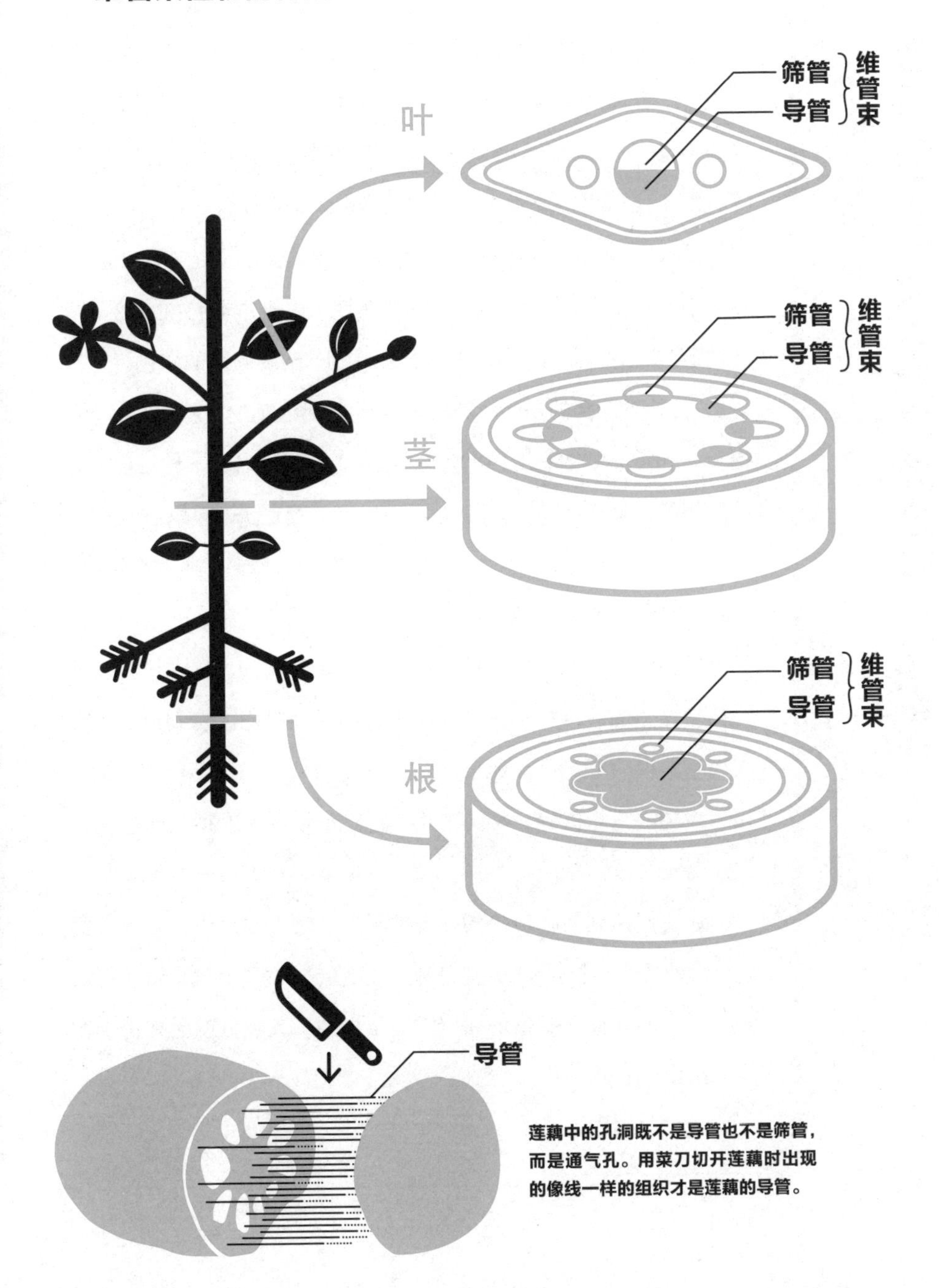
筛管
导管
维管束
叶
筛管
导管
维管束
茎
筛管
导管
维管束
根
导管
莲藕中的孔洞既不是导管也不是筛管，
而是通气孔。用菜刀切开莲藕时出现
的像线一样的组织才是莲藕的导管。

蚊子除了吸食人血之外还吸食花蜜？

花粉的传粉媒介

枕边不断响起高频率的嗡嗡声。试图用毫无规律的飞行路线混淆视听、隐藏自己的行踪，不知不觉间吸饱了血离去，留下又肿又痒的小包……对我们人类而言，蚊子可以算是离我们最近的害虫了。

蚊子之所以需要吸血，是因为雌性蚊子在即将产卵的特殊时期需要含有丰富蛋白质的动物的血液。而雄性蚊子是不需要吸血的，它们靠花蜜或果汁为食。这一事实广为人知，同时这也意味着，当蚊子以花蜜为食时，就承担了昆虫作为“传粉者”的角色。

“传粉者”指的是能将花粉运送到花朵雌蕊柱头上的昆虫等生物[1]，是植物授粉时必不可少的重要角色。最著名的“传粉者”莫过于花蜂、蜜蜂这些蜂类昆虫了。花蜂的后肢上长有浓密的刚毛，这些刚毛就像花粉刷一样，当花蜂在花朵间来回穿梭采集花蜜时，会起到授粉的作用。

植物为了吸引传粉者都各自下了一番苦功夫。比如说，以蛾为传粉媒介的兰科植物为了让蛾在夜间活动时能注意到自己，会在昏暗的夜间开出大大的白色花朵来吸引蛾类。花朵和传粉者同作为生物，互相依赖，共同进化。它们正是体现生物共同进化的绝佳例证。

让我们回到最初谈论的蚊子的话题。对人类来说只会令人徒增烦恼的蚊子，对植物来说却是与其他昆虫一样重要的客人。不过，假如植物能为蚊子提供产卵所需的蛋白质，人类也就无须再受蚊子的困扰了吧……

[1] 不仅是昆虫，有时蜥蜴、猿猴等动物也会为植物传粉做贡献。

● 花的构造及传粉者

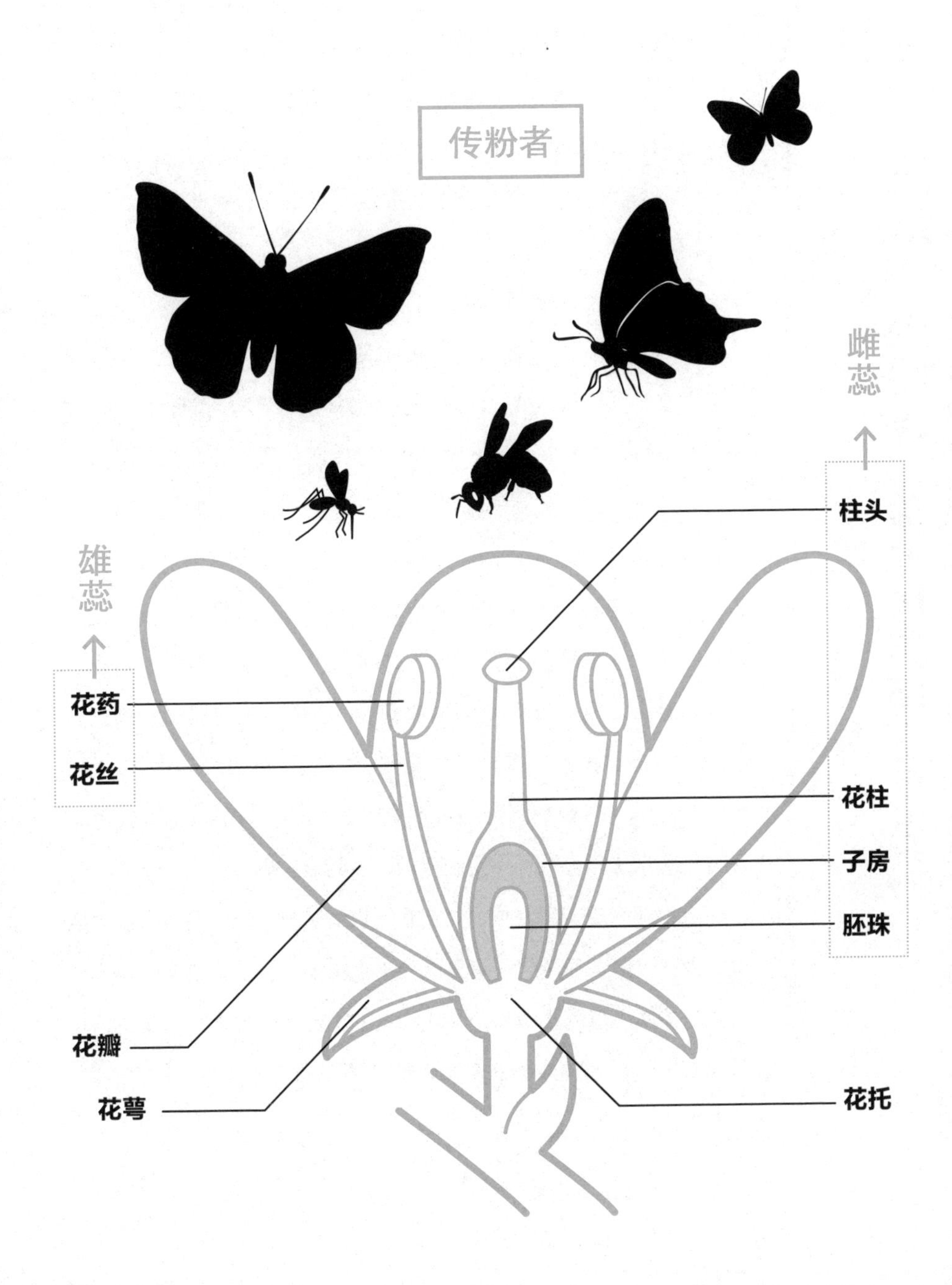

除食虫植物之外的其他植物也会捕食昆虫?!

植物和昆虫的关系

对植物来说，昆虫是帮助其授粉的非常重要的伙伴。正如我在前文中提到的那样，植物会为了迎合昆虫的喜好而调整进化方向。然而，植物和昆虫之间并不总是合作关系。

多数昆虫主要的食物来源是植物的叶和茎，这也就意味着植物和昆虫的合作关系一下子转变成互相敌对的关系。植物为了保护自身不受昆虫的侵害，进化出了一套防御系统。

作为防御系统中的一环，植物具备了毒性。比如说，切开桑叶后，会有乳液状的液体渗出。这种液体里含有阻碍新陈代谢的物质，昆虫如果摄入了这种物质，生长发育便会受到阻碍，最终死亡。

像这样流淌出乳液的植物,除了桑树以外还有许多。有人认为，它们如此进化的主要目的和桑树一样，都是为了防御虫害。然而另一方面，昆虫也并未坐以待毙。比如，蚕在进化过程中，就获得了能够对抗桑树有毒液体的特殊体质。

植物并不完全都是被昆虫捕食的，也有的植物以捕食昆虫来获取营养，这就是所谓的食虫植物。这些植物进化出专门用于捕食的叶片，并将捕捉到的昆虫消化吸收。它们会通过捕食昆虫来补充一些无法通过光合作用获得的营养物质。[1]

人们还发现了用其他方式捕食昆虫的植物，它们虽没有捕食昆虫的器官，但会通过附着有黏液的腺毛来捕获昆虫并致其死亡，昆虫的尸体腐烂落入土壤后，会成为这些植物的养分来源。据说，在新加入“食虫”植物族谱的植物名单中,西红柿和马铃薯也榜上有名。

[1]植物只依靠通过光合作用获得的营养物质也可以成活。

● 食虫植物的捕食方式

黏液捕捉型

是食虫植物中数量最多的类型。通过叶片表面腺毛的黏液来捕获昆虫。捕获后，分泌消化液将昆虫消化吸收。

毛毡苔（圆叶茅膏菜）、紫花捕虫堇、盾叶茅膏菜等

夹状捕捉型

两片像贝壳一样的叶片内侧有触毛，昆虫碰到触毛后叶片闭合，将它夹在里面。为了减少失误，需触碰 2 次以上叶片才会闭合。

捕蝇草、貉藻等

陷阱型

叶片呈袋状，昆虫一旦落入其中就很难再逃出来。内部有消化液积存，落入其中的昆虫会慢慢被消化、吸收。

猪笼草、瓶子草等

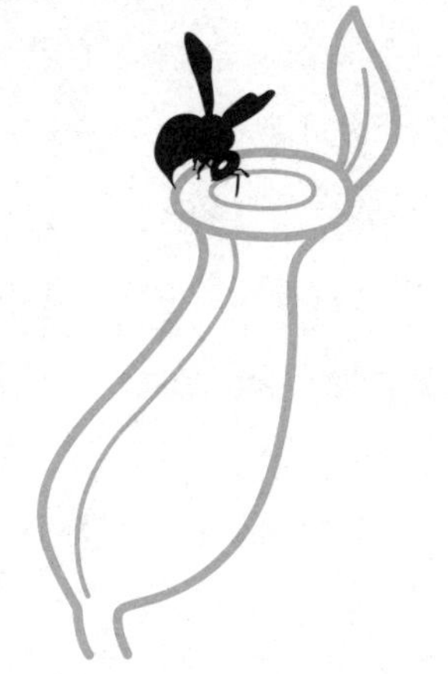

吸入型

该类植物捕捉小型昆虫。在捕虫囊的入口处生有触毛，昆虫一旦碰到触毛，囊口的活瓣就会向内打开，将昆虫吸入，之后活瓣闭合，昆虫无法再逃脱。

狸藻等

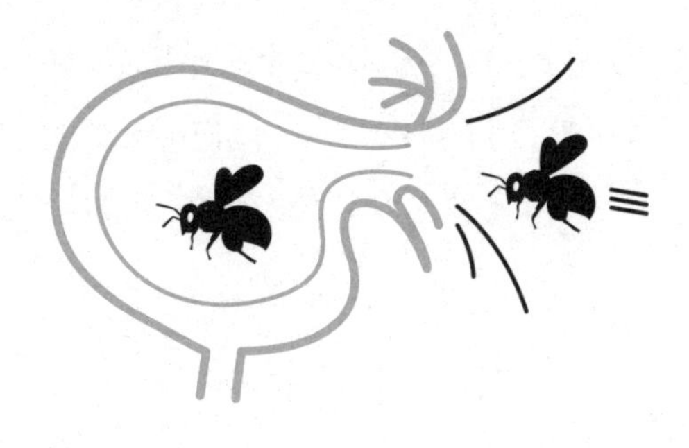

世界上不存在黑色的花吗？

花朵的色素及杂交

为了吸引为花朵传粉的昆虫等伙伴，花朵的颜色可谓是五彩缤纷，热闹极了。

对花的颜色起到决定性作用的化合物主要分为以下三种：类黄酮、类胡萝卜素和甜菜色素。多数植物中都含有类黄酮色素，因此它们表现出从黄色到蓝色这一区间的多种色彩。蓝莓中富含的色素——花青素，具有抗氧化的功效，因此我们常常能看到它出现在健康食品的成分表中，其实花青素也是类黄酮的一种。

类胡萝卜素则会令植物呈现出黄色、橙色或红色这类的色彩。比如说开出黄色花朵的菊花和黄玫瑰等都富含类胡萝卜素。胡萝卜中含有的胡萝卜素、辣椒中含有的辣椒素等也都是类胡萝卜素中的一种。甜菜色素则广泛存在于紫茉莉、仙人掌这类植物中，使这些植物呈现出从黄色到紫色这一区间的色彩。这三种化合物互相融合，相互影响，共同决定了世上所有花朵的颜色。

另外，决定花朵颜色的色素中，没有能产生黑色的色素。因为昆虫虽然能识别颜色，但是它们识别颜色的目的是为了区别植物的花朵和叶片，有学者称，昆虫识别不出黑色。假如真有黑色的花朵，但昆虫不去靠近它，这种花也就没有意义了。像黑百合这类植物的花朵，因为富含花青素，色调与黑色非常相近，但绝不是黑色。

大部分观赏用的鲜花，都是经过反复的人工杂交才呈现出绚丽的色彩。人们甚至还通过基因剪辑操作，成功培育出了自然界中原本不存在的蓝色玫瑰[1]、蓝色康乃馨等植物新品种。

[1]通过从矮牵牛花中剪辑出与控制蓝色色素相关的基因片段，再将其导入玫瑰的基因中，成功培育出了蓝色玫瑰。

● **花朵的色素**

黄 橙 红 紫 蓝 绿

类黄酮

花青素

类胡萝卜素

牵牛花

菊花

甜菜色素

叶绿素

为什么香蕉没有种子？

基因的突发变异

说起没有种子的果实，最近出现了通过品种改良来达到无籽效果的葡萄和柿子等，但是香蕉没有种子这回事，却不是最近刚刚发生的。有考古学家从巴布亚新几内亚的库克遗址中发现，约从 7000 年前至 6400 年前起，就出现了栽种香蕉的痕迹。有学者称，那时栽种的香蕉，就已经是无籽香蕉了。

据说无籽香蕉是从基因的突发变异中偶然诞生的。通常生物都有成对的两套完整的染色体，但无籽香蕉却是拥有三套染色体的三倍体。一般来说，三倍体植物很难通过减数分裂形成配子[1]，因此具有很难形成种子的特征。

但对人类来说，香蕉发生的变异却是十分有益的变异，因为无籽香蕉的果肉含有丰富的营养物质，而且肉质更为紧实。香蕉虽然有时也被称为“香蕉树”，但按照正确的分类方式，它属于草本植物。其植株高度适中，易于收割。

当时发现了无籽香蕉的巴布亚新几内亚人，通过扦插（见第 53 页）或分株的方式使无籽香蕉繁殖。类似的栽种方式一直沿用至今，现在栽种无籽香蕉的方法基本与那时候使用的方法无异。

此外，有的香蕉中黑色的颗粒状物体就是残留在无籽香蕉中的种子的痕迹，但是这些种子却无法发芽。现存的野生香蕉的果肉中，有的也包裹着种子。比如在菲律宾或马来西亚等地，根据地区的不同，部分有籽香蕉是可以食用的。

[1] 染色体一分为二，形成配子。

● 三倍体的形成方式

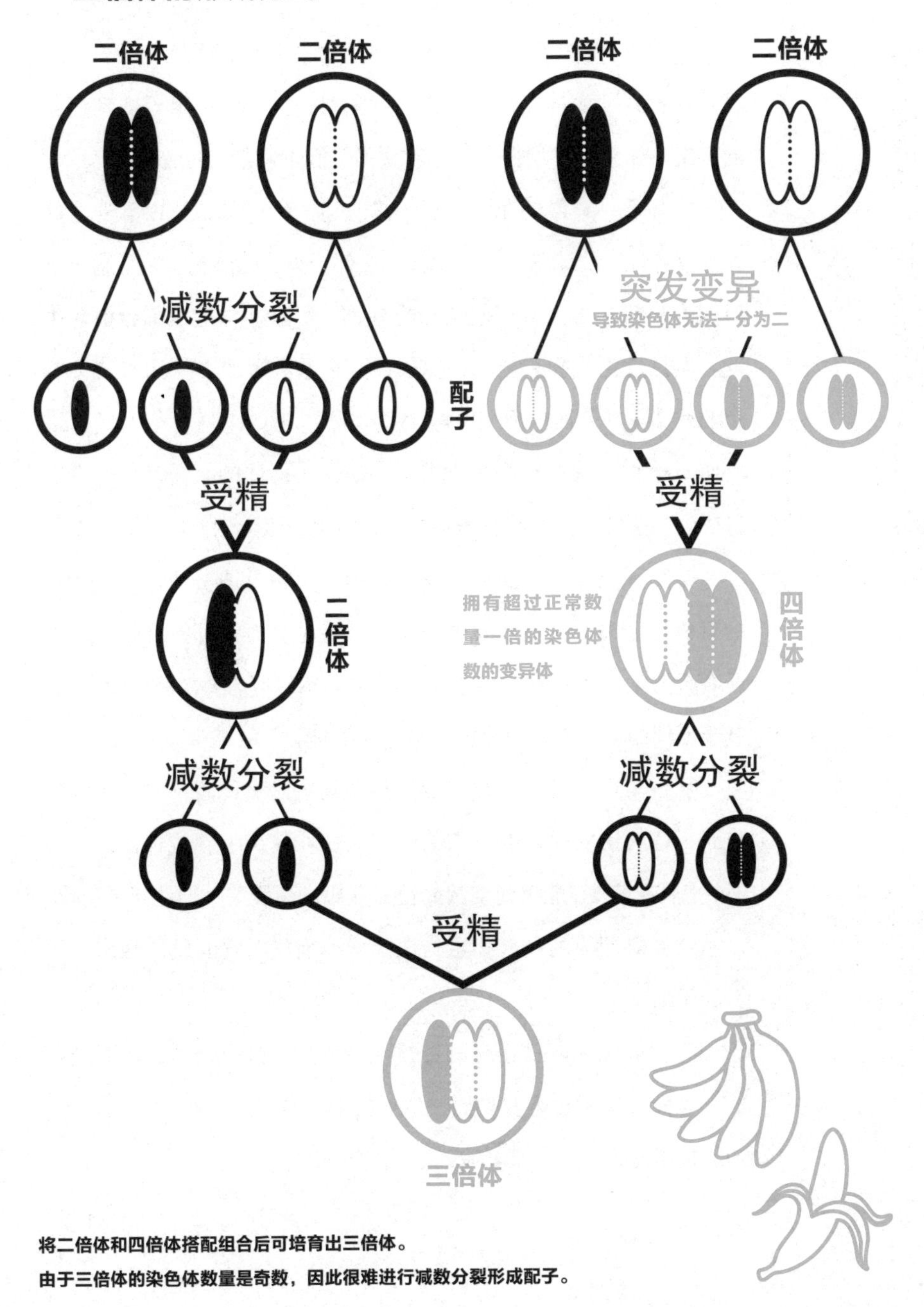

将二倍体和四倍体搭配组合后可培育出三倍体。

由于三倍体的染色体数量是奇数，因此很难进行减数分裂形成配子。

美丽的花朵果然都是有毒的?!

植物的次级代谢产物

“美丽的花朵都有刺”，这句话是对世上所有男性的警告，意思是：看到美丽的玫瑰（女性）就随意去摘取，一定会遭到痛苦的打击。如果仅仅只是有刺也就算了，但如果有毒的话……

实际上，有毒的花并不少。拿身边的例子来说，以下的这些花都有毒性：绣球花、水仙、铃兰、郁金香、杜鹃花、紫茉莉……但因为平常并不会将这些花当作食物，所以基本上也不会引起中毒。但是过去的确有新闻报道过，十多个人因误食了用来装饰料理的绣球花叶片而出现了中毒症状。

对植物而言，有毒物质未必是维持生命体的必需品，而是通过代谢产生的，因此，有毒物质也被称为次级代谢产物。

生物碱类，就是次级代谢产物中的一种，是一种含有氮元素的有机化合物，大多数的生物碱对其他生物而言都有毒性。此外还有萜类化合物、酚类、吩嗪等，“人们感兴趣的”次级代谢产物，基于不同的合成方式被分成了不同的种类。

从古至今人们一直在灵活运用植物的次级代谢产物。比如狩猎时，把从植物中提取出来的毒液涂抹在箭头上制成毒箭；生病时，把具有药效、能杀死细菌的植物煎成汤药服下。即使到了现代，由植物原料制成的化合物也为医药学、现代医学的发展做出了巨大的贡献。

与次级代谢产物相对的初级代谢产物，指的是通过代谢产生的、生命活动所必需的物质，比如糖类、氨基酸、脂质、核酸等，初级代谢是许多生物都具有的生物化学反应。

● 有毒性的花

绣球花

呕吐、眩晕、面色潮红等症状

水仙

恶心、呕吐、腹泻、流涎、发汗、头痛、不省人事、体温降低等症状

铃兰

呕吐、头痛、眩晕、心功能不全、血压低、心力衰竭等症状

郁金香

呕吐、皮肤炎症等症状

● 人类加以利用的植物次级代谢产物

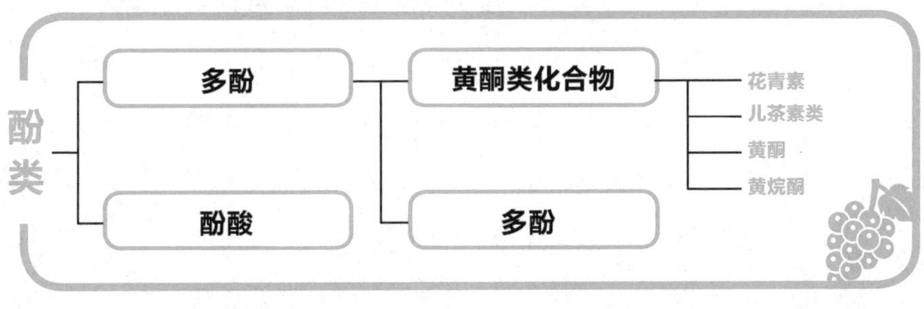

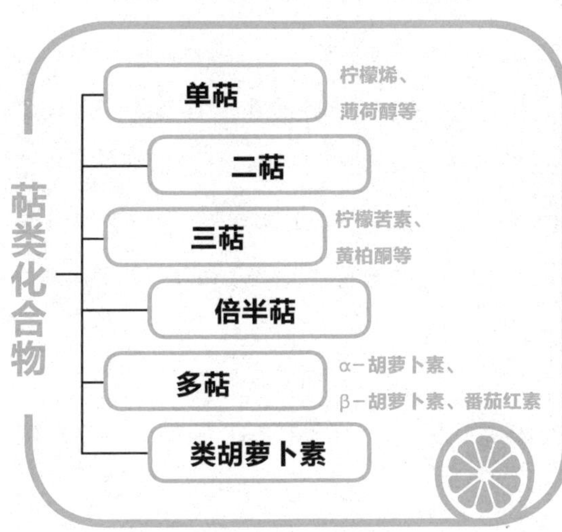

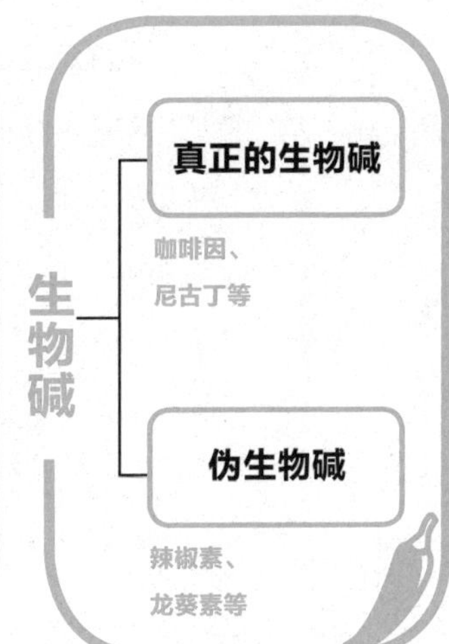

植物的环境适应

仙人掌为何能在沙漠环境中存活？

除了一小部分仙人掌以外，大部分仙人掌都发源自南美洲或北美洲大陆及其周边地区。位于美国亚利桑那州的索诺拉沙漠，年均降雨量充沛时只有250毫米，而在降雨量较少的时候甚至只有60毫米，被称为该地域的象征的巨人柱仙人掌就林立在索诺拉沙漠中。那么，仙人掌究竟为何能在如此严峻的自然条件下生存下来呢？

仙人掌最大的特征，莫过于它们那变得厚实又或者是变成球状的茎。一下雨，仙人掌就早早地从根部将水分吸收，并储存在茎中。

仙人掌在进行光合作用时，也下了一番功夫。普通的植物会在白天打开气孔，吸入二氧化碳并进行光合作用，但仙人掌为了防止水分的流失，白天时气孔都处于关闭状态，到了晚上，再将吸入的二氧化碳转化为苹果酸暂时储存起来，第二天再将苹果酸中的二氧化碳释放出来，用以合成葡萄糖。有人认为，这都是仙人掌为了适应沙漠地区长期水分供给不足、昼夜温差大的特殊气候所做出的改变的结果。

接下来，我将对仙人掌的独特构造进行说明。仙人掌的特征之一，是隆起的棱，类似西瓜的黑色条纹，在隆起的棱上密布着尖刺。尖刺着生的部位被称为刺座，刺座相当于短小的树枝。刺座上丛生的尖刺是从叶片转化过来的。刺座上还长着像汗毛一样细短的刺毛。为何仙人掌会出现这种特殊的构造呢？有人认为，这是为了保护自己不受动物和昆虫的啃食，同时也为了尽量遮挡过于强烈的阳光。[1]

[1]也有收集空气中的水分的作用。例如，即使在不降雨的地区，也可以从雾中收集水分。

● 仙人掌的光合作用

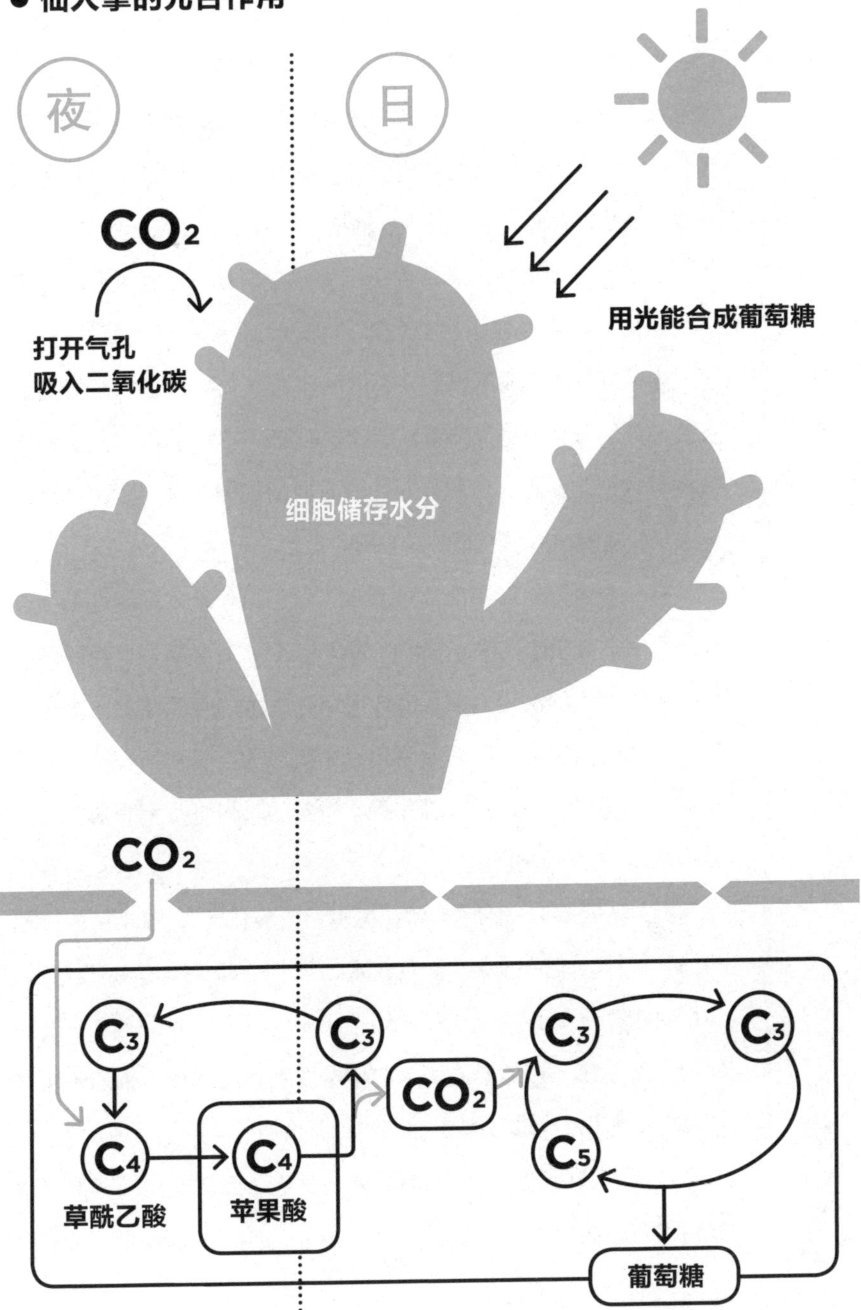

夜
日
CO_2
打开气孔
吸入二氧化碳
用光能合成葡萄糖
细胞储存水分
CO_2
C_3
C_3
C_4
C_4
草酰乙酸
苹果酸
CO_2
C_3
C_3
C_5
葡萄糖

观察树木的年轮甚至可以获悉很久以前的天气?!

年轮气候学

树木的年轮，指的是树木横截面上同心圆状的花纹。同心圆每年都会增长一圈。形成层反复地进行细胞分裂便形成了增长的部分。向树木内侧分裂的细胞变成了树的组织（木质部），向外侧分裂的细胞则变成了韧皮部，也就是运输营养物质的通道。

在四季分明的日本，形成层的细胞分裂在一年当中并不是完全相同的。春天形成层会分裂出体积较大、细胞壁较薄的细胞；进入夏天以后，形成层则会分裂出体积较小、细胞壁较厚的细胞；从秋天开始一直到冬天结束，形成层的细胞停止分裂。体积较大、壁较薄的细胞泛白，体积较小、壁较厚的细胞泛黑，因此日本的树木年轮呈现出黑白交错的同心圆图案。

有一个研究领域专门通过测定年轮的生长量来推测过去的气候，这门学科叫作“树木年轮气候学”。现在科学家们已经明确了影响年轮宽度的决定因素：高纬度地区树木的年轮宽度主要与气温有关，而低纬度地区则受降雨量影响较大。目前，有科考团队正在日本的屋久岛，对有着几百年树龄的杉树进行调查研究，以此推测过去的气候变化。

此外，还有一类分支学科“树木年轮年代学”，该学科的原理是:同一时代、同一地区生长的树木，其年轮的图案应该是类似的。该学科根据这一理论基础，再结合年轮的图案，判定树木生长的时代以及地区。根据不同树木的年轮图案共同呈现出来的年轮宽度及密度变化，可以测绘出标准年轮曲线。

据悉，目前已经测绘出时间跨度长达 1 万年的德国南部河岸橡树的年轮曲线和时间跨度长达 8500 年的美国南部刺果松的年轮曲线。对照标准年轮曲线图，我们就能正确推算出在人类历史居住地中以及在文化财产中使用过的木材的生产年代。[1]

● 年轮的形成过程

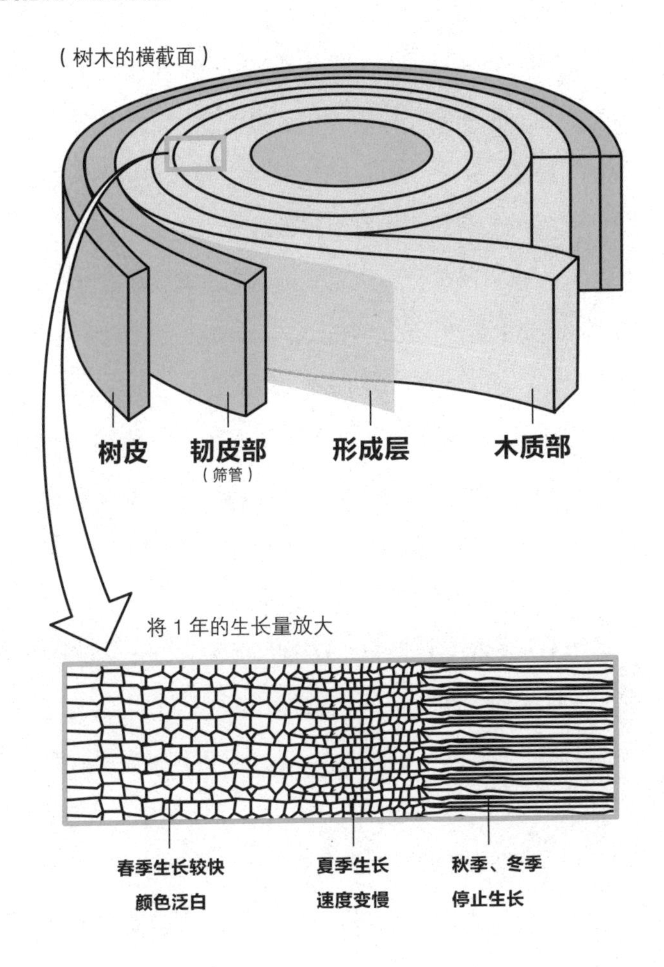

[1]从日本大阪池上曽根遗迹中发现的支撑柱，其木材来源于日本扁柏。根据年轮来推断，该树采伐于公元前52年，推翻了当时关于弥生时代正式开始的年份的学说。

为何秋天叶片会变红？

落叶树及光合作用

秋天，群山都披上了靓丽鲜艳的红衣，山上随处可见的红叶仿佛构成了大自然的画卷。古往今来，许多日本人的心都被这红叶牵动。树木有落叶树和常绿树之分，而在秋天为群山染上红色的是落叶树。红叶究竟是在何种机制下产生的呢？

植物叶片最重要的工作就是进行光合作用。而光合作用中的主角，是一种叫作叶绿素的化学物质。叶绿素，就像它的名字所显示的那样，也是一种叶片中的色素。落叶树从春天到秋天一直在进行旺盛的光合作用，但当秋天结束，冬天开始时，由于日照时间缩短，植物通过光合作用获得的能量就会相应减少。与其守住叶子，不如干脆停止光合作用进入休眠状态，反而对生存更加有利，舍弃叶片，就成了落叶树采取的生存战略。

进入秋天，叶片中的叶绿素被分解，储存在叶片中的营养物质也被树干回收。与此同时，叶片的叶柄中出现离层，阻断运输水分和营养物质的通道，此后，树叶便从树枝上脱落。这就是落叶树上树叶脱落的机制。

在秋天的诸多色彩中，有红叶的代表——枫树，还有黄叶的代表——银杏树。红叶是在花青素的影响下呈现出红色，花青素是叶绿素分解过程中新形成的一种色素。黄叶则是在类胡萝卜素的影响下呈现出黄色。虽然类胡萝卜素从入夏之前就一直存在于叶片中，但其一直被叶绿素掩盖，因此我们才无法直观地看到黄叶。但是进入秋天之后，随着叶绿素的分解，叶片中的类胡萝卜素也就日渐凸显了出来。至于为何落叶之前还要特意生成花青素这一疑问，有说法认为，这是植物为了保护自身不受光、害虫危害而采取的措施。

● 树叶颜色的变化机制

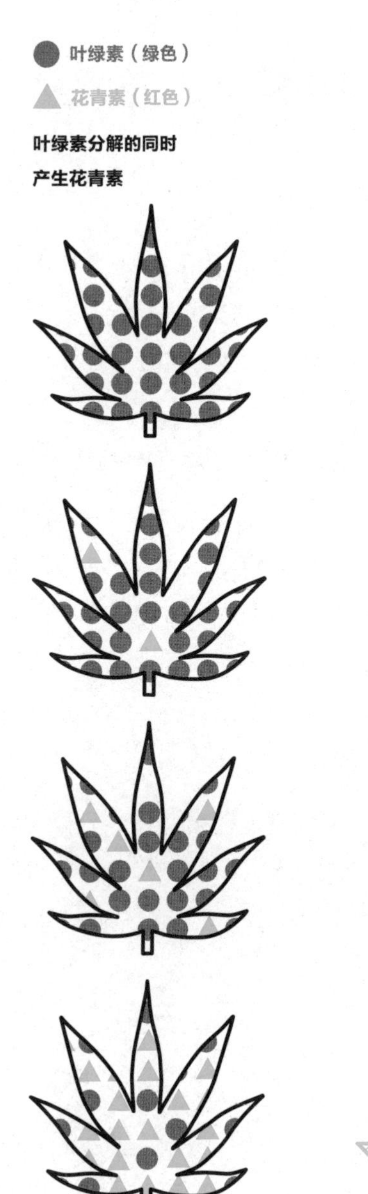
叶绿素（绿色）
花青素（红色）
叶绿素分解的同时
产生花青素
红 叶

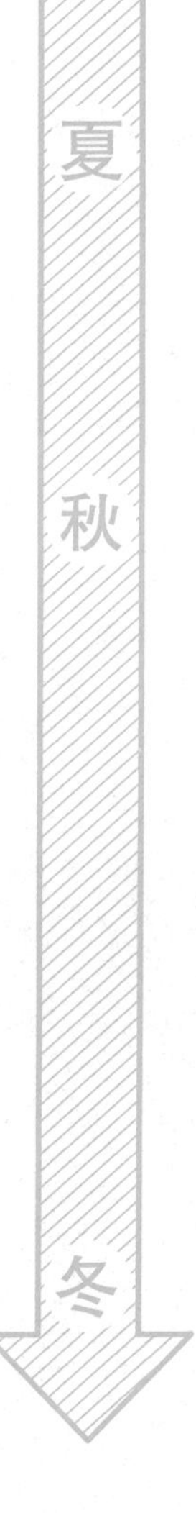
夏
秋
冬

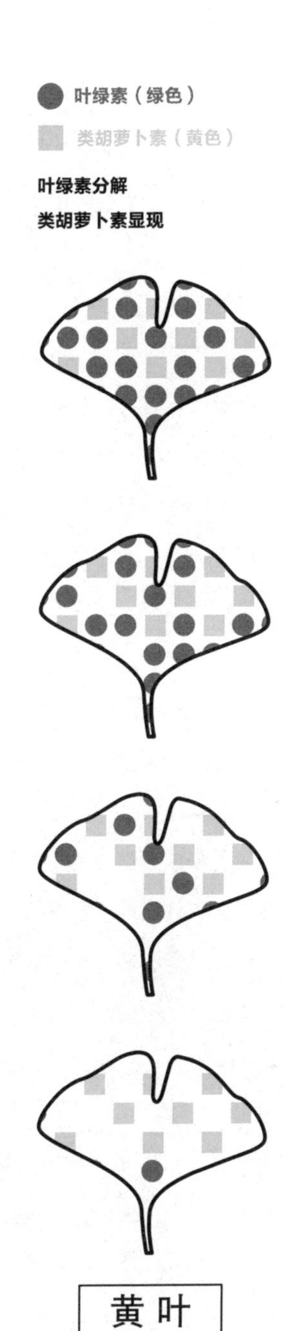
叶绿素（绿色）
类胡萝卜素（黄色）
叶绿素分解
类胡萝卜素显现
黄 叶

植物蛋白有益身体健康?

必需氨基酸的功效

最近我开始有些在意自己的体重……现代人生活在温饱不愁的时代，体重的增长和减肥变成了极其普遍的问题。有很多人在饮食中减少摄入脂质较多的肉类，转而以蔬菜为饮食的核心，身体所必需的蛋白质也都通过植物蛋白来补充。但是这种饮食控制可能有点危险……

对我们人类而言，维持生命活动所必需的氨基酸有 9 种（必需氨基酸），这 9 种是无法在人体内合成的，因此必须从食物中摄取。如果没能均衡地摄入这 9 种氨基酸，那么将会导致它们无法有效地发挥作用。而肉类、蛋类、乳制品等动物蛋白中包含全部的 9 种氨基酸。另外，谷物或豆类等的植物蛋白中，虽然也含有一些氨基酸，但除了大豆之外，其余的都没有均衡地包含全部的 9 种。这也是鼓励大家常吃豆腐、纳豆等豆制品以保证蛋白质摄入的原因。

素食主义者、纯素主义者（连乳制品也不摄入）或是减肥人群，可以通过摄入谷物或豆类食品来补充人体所需的氨基酸。但是和动物蛋白相比，植物蛋白由于含有纤维素不易被吸收，因此从易吸收的角度来看，植物蛋白还是略逊一筹。

只要不是出于降低胆固醇之类的特殊原因，我们就还是应该好好地摄入动物蛋白。

5
不可思议的人体结构

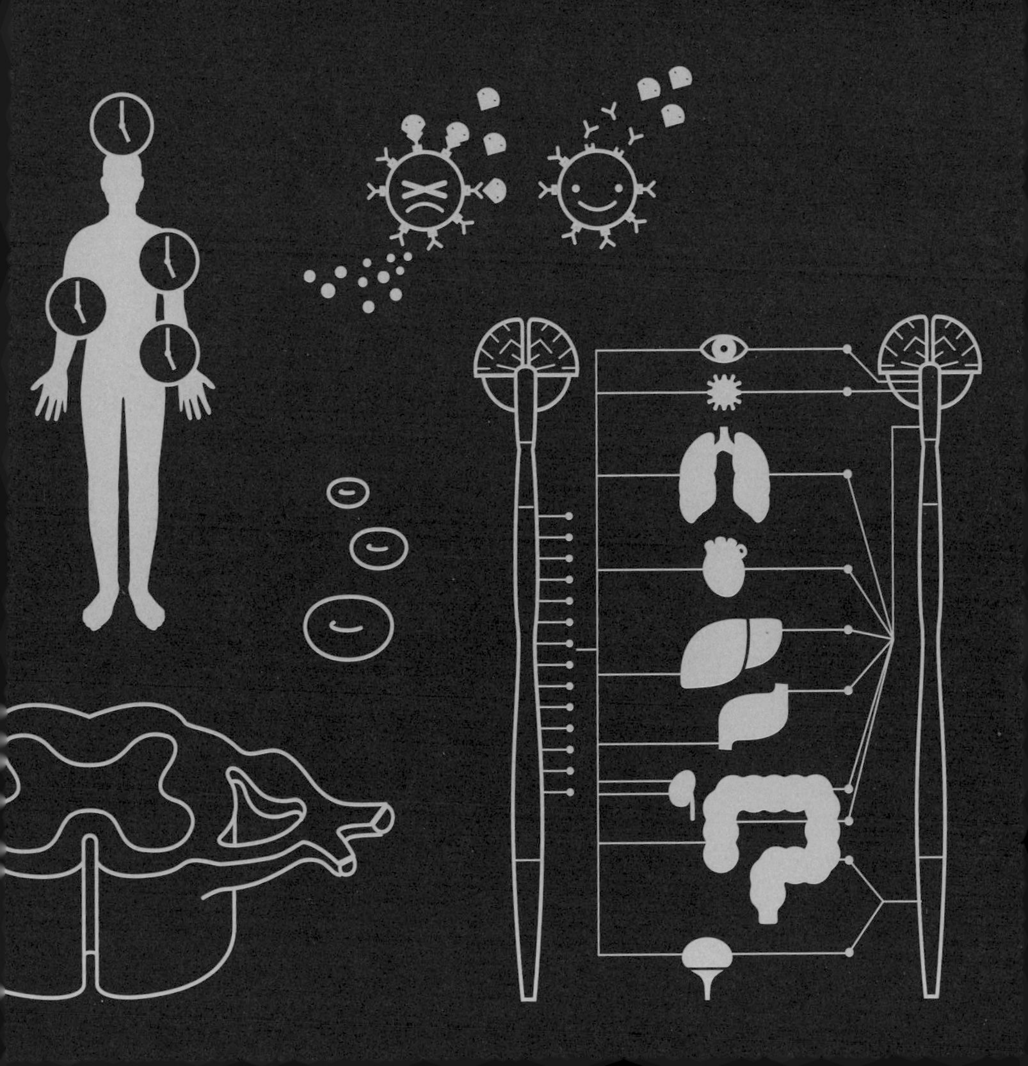

人类究竟是如何利用氧气的？

血液及氧气

毫无疑问，人类也属于动物，为了维持生命活动，能量是必不可少的。为了获取能量，有两个必需的要素。其一，是从食物中获得的营养物质，严格来说，就是葡萄糖。其二，就是氧气。通常我们都会下意识地摄入食物，但与此相比，我们每天却没有下意识地去吸入氧气。我们究竟是如何获取氧气，又是如何利用氧气的呢？

我们吸入的空气首先被送进肺部里被称为肺泡的组织中。肺泡是由像葡萄一样的囊泡组织构成的，占据肺部 85% 左右的体积。肺部就好像是一个气体交换场，吸入的空气中的氧气进入到密布在肺泡上的毛细血管中，与此同时，二氧化碳被作为细胞废弃物，由血液从身体各处搬运到肺部，并扩散到肺泡中。

进入血液中的氧气和血液成分之一的红细胞中的血红蛋白结合，被运送到身体各处细胞内。血红蛋白具有一种特性，在氧气浓度较高时与氧气结合，在氧气浓度较低时，则与氧气脱离，因此，它非常适合这个氧气搬运工的角色。

被运输到体内各处细胞的氧气分子最终都会在细胞内的线粒体中参与能量的合成。剧烈运动之后，呼吸会变得急促，这就是身体需要大量氧气的证据。

人体中平时氧气消耗最多的器官是大脑。虽然大脑的重量只占人体重量的 2%，但氧气消耗量却占了总体的 25%。由此可见，对人类而言，大脑的活动是多么重要。

● 血液搬运氧气

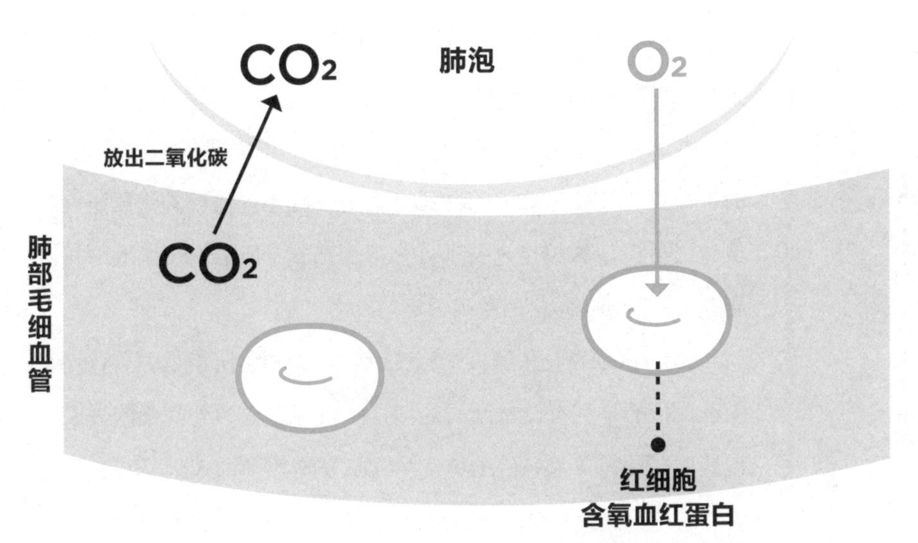

CO_2
肺泡
O_2
放出二氧化碳
肺部毛细血管
CO_2
红细胞
含氧血红蛋白
氧气和红细胞内的
血红蛋白结合被运送至身体各处

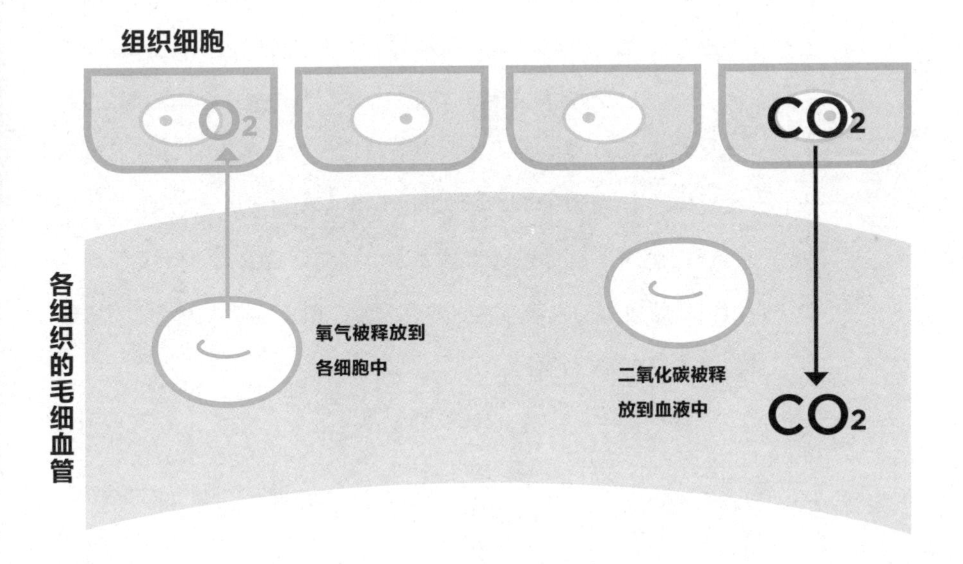

组织细胞
O_2
CO_2
各组织的毛细血管
氧气被释放到
各细胞中
二氧化碳被释
放到血液中
CO_2

血型占卜依据的可靠性

根据血型占卜性格曾一度掀起热潮，现在我们也常常能听到这样的话："那孩子是A型血，所以很认真哪。"血型和性格之间的关联是否有科学的解释呢？

在日本，东京女子高等师范学校（现在的御茶水女子大学）的古川竹二教授于1927年发表学术论文《不同血型的气质研究》。虽然之后古川教授也进行了许多追加调查，但最终"血型与气质相关论"遭到了学会的明确否定。

ABO式血型是依据红细胞表面糖链结构的不同而进行区分的。糖链，指的是具有链状结构的糖，比如A型血的人红细胞表面的糖链末端具有A型特有的糖（A抗原），B型血的人则具有B型特有的糖（B抗原），AB型血的人则同时具有A、B两种抗原。

而且，A型血的人身体中含有针对B型抗原的抗体（抗B抗体）。如果给A型血的人输入B型血，抗B抗体就会对B抗原发起攻击，引起一系列的抗原–抗体反应，导致血液凝固。给B型血的人输入A型血时也会发生同样的事。因此，输血时只能输入同种血型的血。

此外，O型血的红细胞只具备A、B型血构造中相同的部分，[1]这也就意味着O型血的人体内没有抗原。没有抗原的O型血就不会被抗体攻击，因此O型血可以输血给A型血或B型血的人。

O型血的人似乎被认为是大方、心胸开阔的人，但从O型血可以给任意血型的人输血这一角度来看，似乎可以认为"O型血这种血型比较大方、包容"吧。

[1]也有一种说法称，O型血的"O"（英文字母O）是指携带的抗原数为0的意思。

● ABO 式血型及糖链

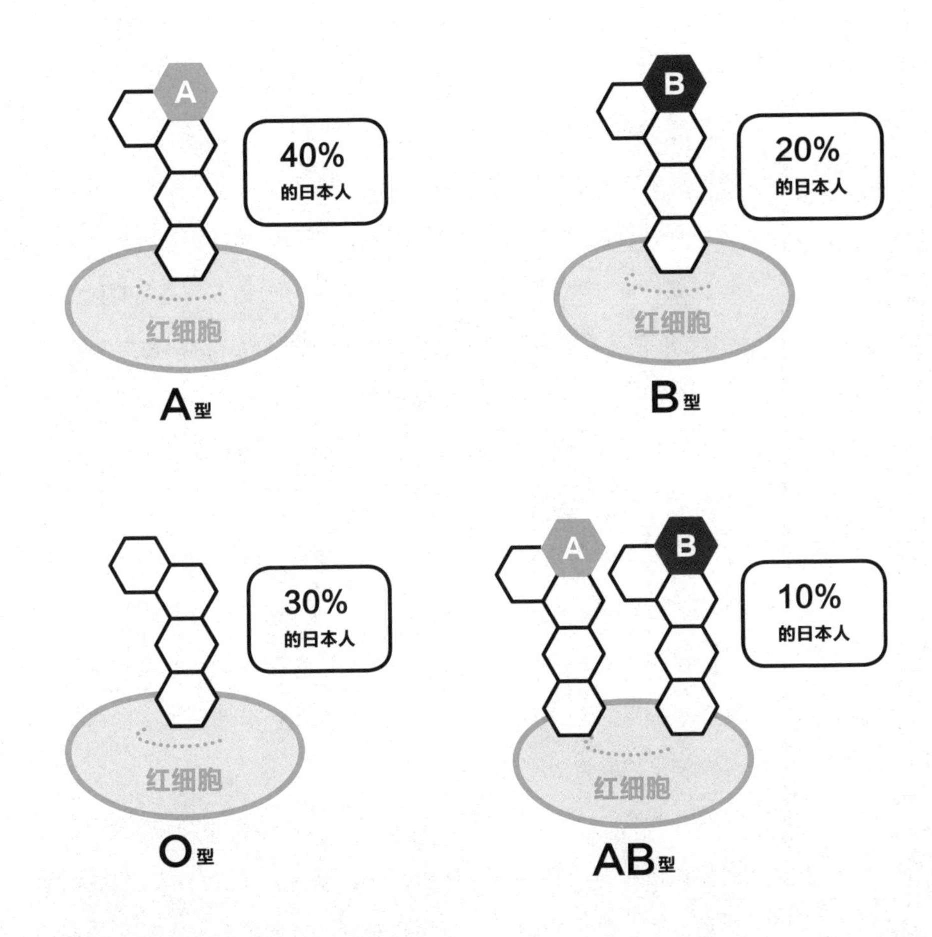

● 不同血型具有的抗原及抗体

血型	A	B	O	AB
血球上的抗原	A	B		A B
血浆中的抗体	抗B抗体	抗A抗体	抗A·B抗体	

瞬间的危险回避行为是在怎样的机制下发生的？

躯体神经的作用

“危险！”当你突然听到一声这样的呼喊时，你会怎样行动呢？大部分的人应该都会双手抱头，然后蜷缩身体。这时，我们甚至连思考的时间都没有，身体就直接行动了起来。那么，这样的反应究竟是如何发生的呢？

别人提醒我们“危险”的声音，首先会通过感觉神经从耳朵传送到脊髓。之后，这一信息并不会传向大脑，而是从脊髓直接折返，再通过运动神经控制肌肉的运动。这是机体的一种防御机制，也就是所谓的应急系统，它也被称为非条件反射。因为神经回路不经过大脑，所以回路较短，反应的速度也就较快。因此完全可以称得上是无须思考的身体直接的行动。

像这样掌管着运动的神经被称为躯体神经系统，其是由感觉神经、运动神经构成的，并且和自主神经系统一样，是构成周围神经系统的组织。在日本，自主神经（见第 88 页）也被称为植物性神经系统，与之相对，控制身体的知觉、运动的器官的躯体神经系统也被称为动物性神经系统。

让我们对平常躯体神经的运作方式也做一个简单的说明吧。比如你在寒冷的日子里只穿着薄外套就出门了，此时，皮肤的感觉系统就会将寒冷的信息传递到脊髓，脊髓再将这一信号传递给大脑。大脑会依据“寒冷”这一信息来识别当下所处的环境，进入思考模式，并向身体发出指令：穿上外套、进到建筑物里去等。这些指令的信号会再次通过脊髓和运动神经传递给肌肉，肌肉会按照指令，做出穿上外套等行动。

● 一般的动作及反射的路径

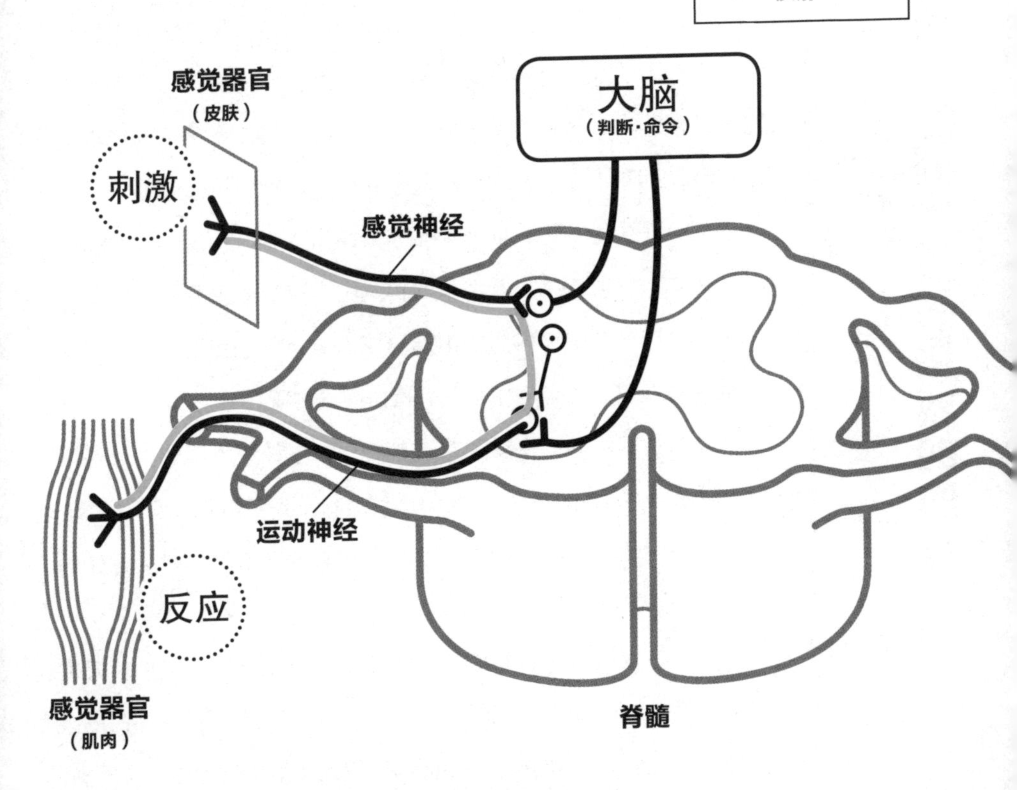

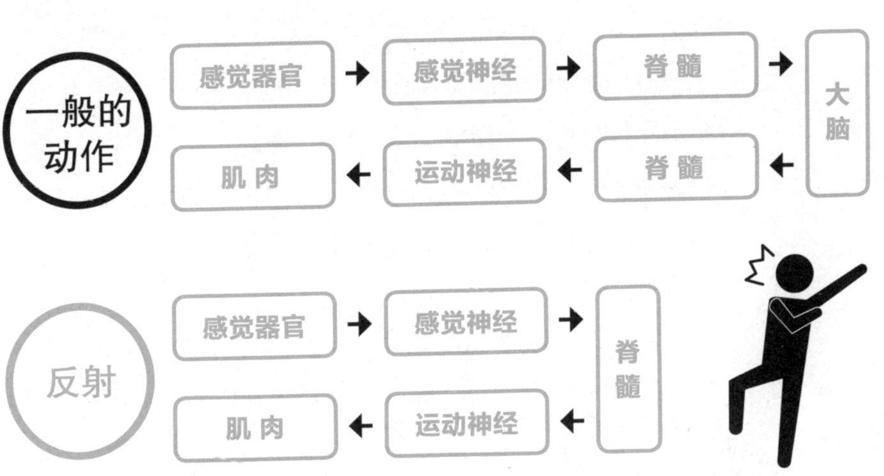

悔恨的泪水真的是咸的吗？

自主神经的作用

时值盛夏，正是举办高中棒球比赛的时节，看着赛场上球员们斗志满满的赛况自然令人振奋，年轻的球员们展现出的那种专注也极富魅力。胜利者发出的兴奋的怒吼和失败者落下的悔恨的泪水形成鲜明对比，这对比虽然很残酷，但同时也很美丽。

不知道你是否了解，悔恨的泪水真的比感动时流下的泪水更咸。

首先，我来介绍一下泪水的构成吧。流泪最原始的目的是为了保护眼球。上眼皮内侧的泪腺分泌水分，用于预防干燥。泪水的98%都是水，其他的则是钠、蛋白质等物质。

控制泪腺活动的主要是自主神经。自主神经负责调控体温调节、呼吸等为维持生命而进行的活动。自主神经由在亢奋、紧张、高压状态时运作的交感神经，以及在睡眠或其他放松时刻运作的副交感神经组成。

流泪，或说“哭泣”状态，是由交感神经负责控制的。流出悔恨或愤怒的眼泪时，交感神经率先发挥作用。人在情绪高昂的兴奋状态下，肾脏中钠的排出受到抑制，因此体液中的钠浓度会升高，眼泪会变咸。

相反，在流出感动或喜悦的泪水时，副交感神经率先发挥作用。人在放松状态下，体液中的钠浓度不会升高。

参赛的高中生棒球选手们从甲子园[1]带回去的沙土，混合着他们的汗水和泪水，想必会十分咸涩吧。

[1]甲子园是日本高中棒球比赛的圣地，每年春夏季都会在此举行高中棒球全国大赛。尤其是夏季大赛，只有从全国4000多所高中里胜出的49所学校才有参赛资格。——译者注

● 自主神经的分布及工作原理

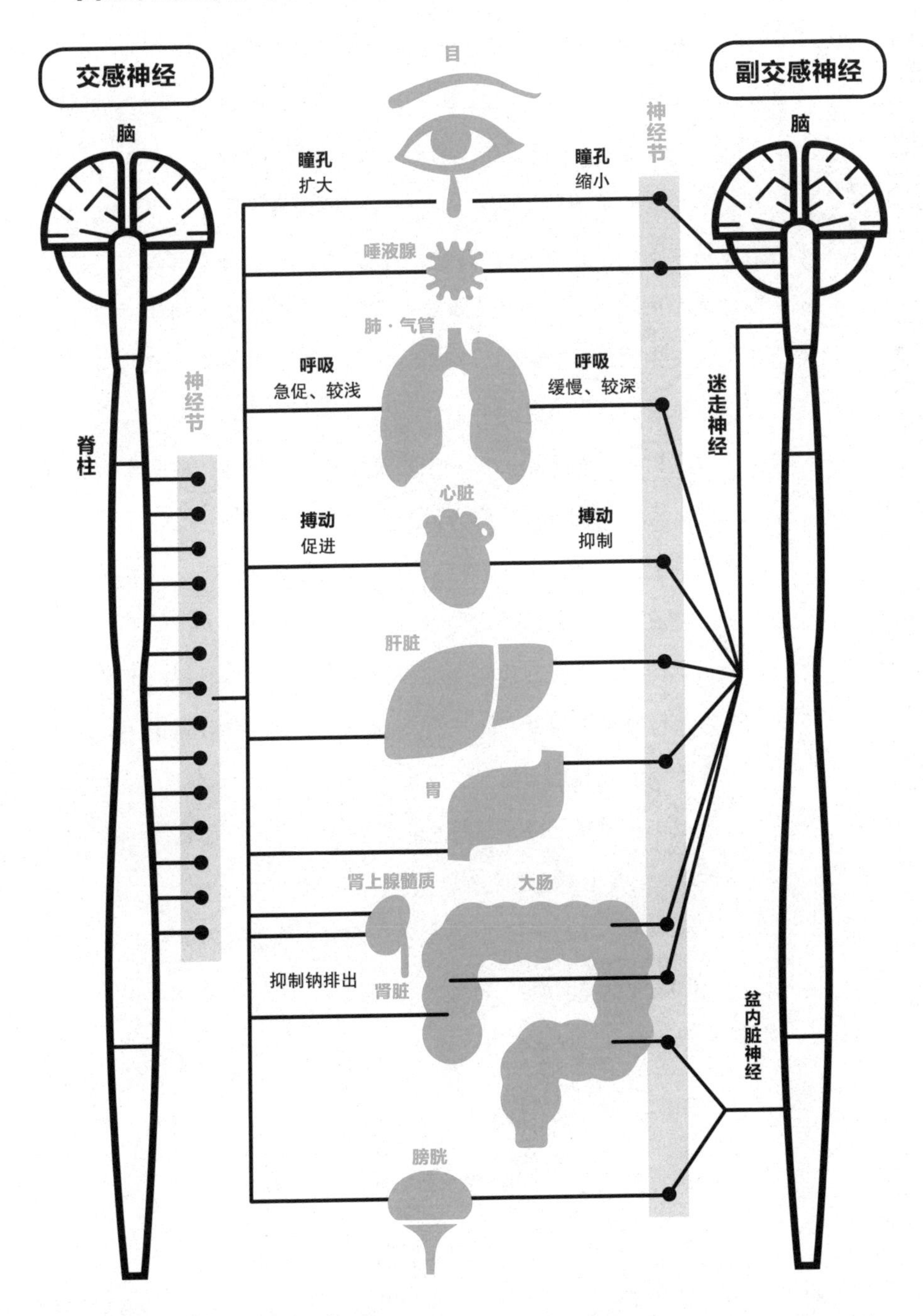

时钟基因的通力合作！生物钟的构成

生物钟的作用

我们会在晚上感到困倦，也会在早晨清醒过来。即使不是下意识地去控制，睡眠和觉醒也几乎都有一定的规律。这就是被称为生物钟的一种身体功能，有时也被称为昼夜节律。

正如它的名字所显示的，昼夜节律的周期基本上是 24 小时，这是生物为了适应地球的自转周期而形成的一种生理现象。然而每个人情况不同，因此多少会有些误差。周期长和周期短的人为了调整生物钟煞费苦心，有学者指出，有的人的确更容易陷入熬夜或睡眠不足等问题。

掌控生物钟的是大脑中的视交叉上核。早晨，视网膜感受到阳光，将周期重置，被称为睡眠激素的褪黑素停止分泌，身体调整到活动状态。内脏的各个器官也开始重新准备各自的生物钟。比如说心脏，白天活动时血压较高，夜间血压则会下降。

生物钟紊乱是产生睡眠障碍的原因之一。最典型的例子就是出国旅行时常常需要“倒时差”。也有人认为，住在城市的人们由于昼夜环境没有明显区别，很多人因此患上了失眠症。有些老年人出现半夜醒来，或是醒得很早等状况，也被认为是由生物钟的调整功能日渐衰退引起的。

生物钟之所以能够 24 小时准确运转，全靠存在于全身各处细胞中的时钟基因的通力合作。[1] 研究发现，视交叉上核承担的就是统一调控各个时钟基因的任务。

[1] 2017 年度的诺贝尔生理学或医学奖就颁给了发现与昼夜节律机制产生有关的基因结构的研究。

● 一天中调控身体行动的生物钟

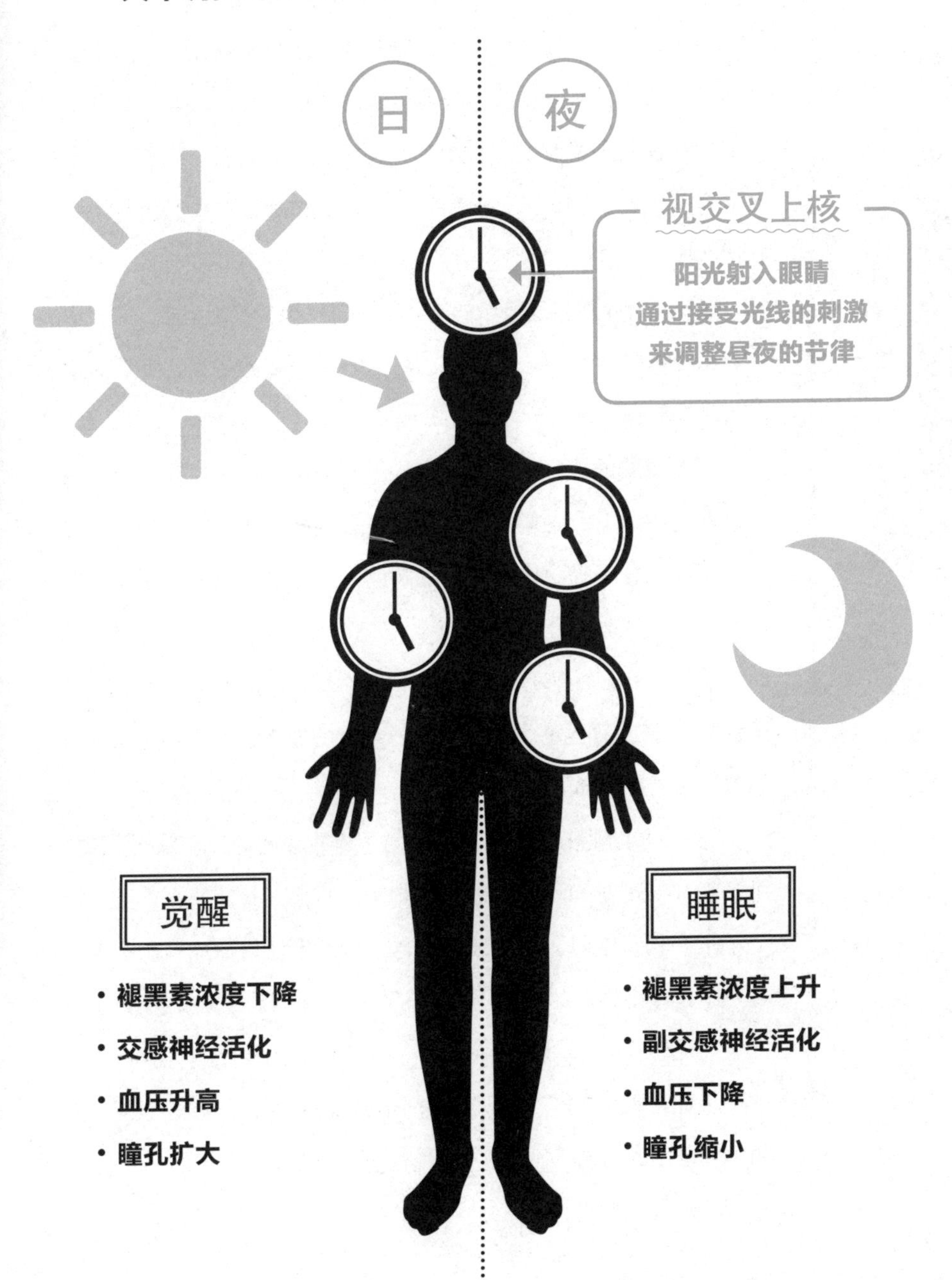

『痒』的不可思议之处

刺激感受器及适宜刺激

用手指指尖挠婴儿的脚心，婴儿会一边扭动身体，一边咯咯咯地笑。怕痒，是由皮肤感受器引起的一种反应。那么，这种反应究竟是在何种机制下产生的呢？包括亚里士多德、达尔文在内的众多伟大的人物，都曾研究过该问题。怕痒，对我们而言又有着什么样的意义呢？

眼睛、耳朵等接受刺激的受体都有着仅接受特定刺激，即“适宜刺激”的结构特性。比如说，视觉的适宜刺激是光，听觉的适宜刺激是声音。

而对皮肤的适宜刺激则可举出不同的例子，比如针对触觉的机械性的刺激，针对痛觉的高压或高热刺激，针对温觉和冷觉的高低温刺激，等等。从这个角度来说，我们体内并不存在一种适宜刺激是“痒觉”的感受器。

然而，我们的脖颈、腋下、手背、大腿腿根、脚心等处都能感觉到“痒”，而这些部位都是靠近动脉的地方，自主神经系统的细胞较多，对外部的刺激较为敏感。

通过对小鼠进行脑神经水平与“痒”感受的追踪实验发现，小鼠在被挠痒时和玩耍时的反应相同，而且实验还发现，当小鼠处于不安状态中时，即使被挠痒也不会产生任何反应；研究者只是对小鼠做出挠痒的动作（但并未真正接触小鼠身体），小鼠也会产生被挠痒的反应。

由此可见，“痒”并不是简单的皮肤感受中的一种，它似乎是由一套复杂的机制控制的。

● 适宜刺激的接受及感觉的产生

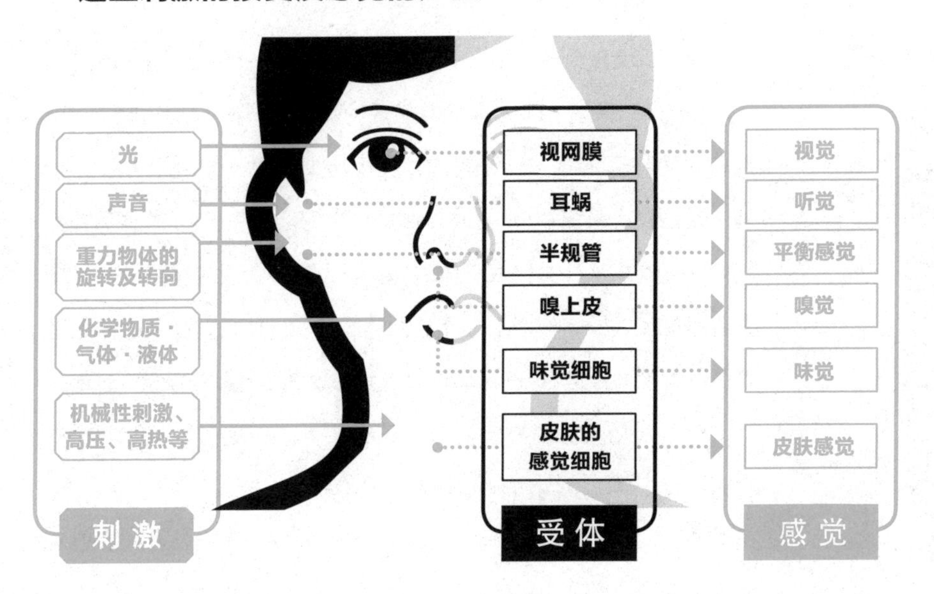

味觉信息的传递

食物的味道首先被舌头上的感受器接收，接收到的味道刺激在细胞内通过多种途径传递给神经，神经将味道刺激转换成电信号再传递给大脑，最后由大脑产生味觉。

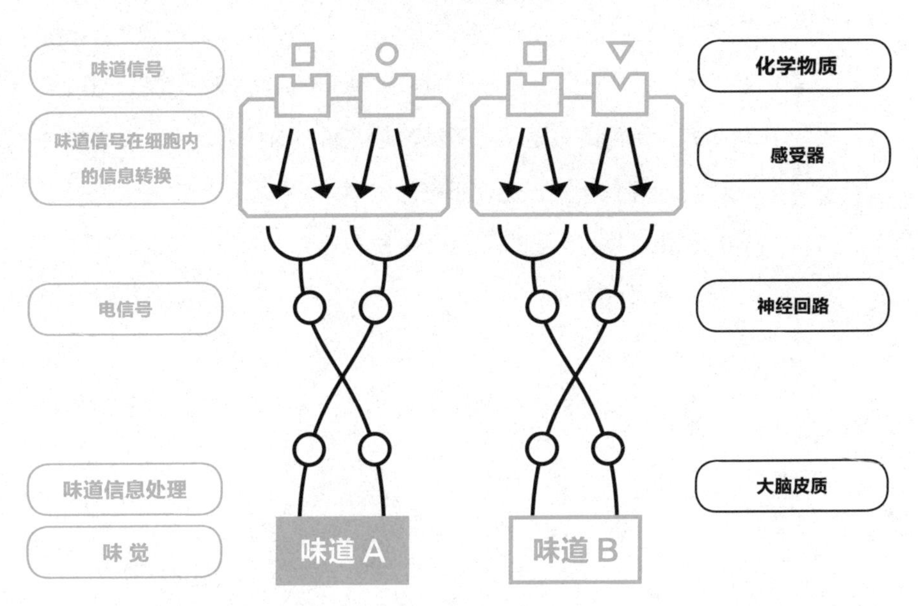

免疫及过敏

花粉症已经不再可怕了吗？

随着春天的到来，有的人在樱花盛放之前，就已经通过杉树或日本扁柏的花粉提前知晓了樱花绽放的花期。这样的人恐怕不少吧。而且不仅是花粉症，近年来，被过敏困扰的人数正呈现上升趋势。

所谓免疫系统，指的是身体保护自身不受外敌侵害的组织结构，其作用是排出从外界侵入身体的异物。当这种免疫应答过激时，就会造成过敏。原本称不上是外敌的物质进入身体后，引起机体免疫系统的误判和反应，这种过敏现象换句话说就是免疫系统的“暴走”。

引起过敏反应的物质，也就是过敏原，有很多种。比如花粉、房屋灰尘、螨虫等外界环境因素，还有小麦、荞麦、明胶等食物。研究指出，引起过敏的原因与生活环境、遗传等因素有关，但目前尚未完全弄清。

2008 年进行的日本全国规模的调查结果显示，约有 30% 的日本国民患有花粉症。这个比例也就意味着平均每 3.3 个人中就有 1 人患病，花粉症可谓是严峻的现代病中的一种了。目前，针对花粉症的治疗大致分为 3 种：药物疗法、手术疗法以及脱敏疗法。其中，脱敏疗法因能有效地从根源处治疗花粉症而备受关注。脱敏疗法的治愈原理在于矫正免疫系统的错判，少量多次地将过敏原置于体内，让身体进行判断：这个物质是什么呢？是不是外敌呢……似乎是通过反复进行这一步骤，让身体产生的过激免疫应答慢慢减少。[1]

然而，治疗究竟要持续多久才能长久维持疗效，最有效的治

[1] 将杉树的花粉萃取物含服于舌下以改善过敏症状的“舌下免疫疗法”于 2014 年被列入日本保险范围内，患者的病情报告正在持续更新。

疗方案是哪一种，这些问题都必须经过反复的验证。相信能彻底治愈花粉症的那一天离我们不会太远。

● 过敏的机理

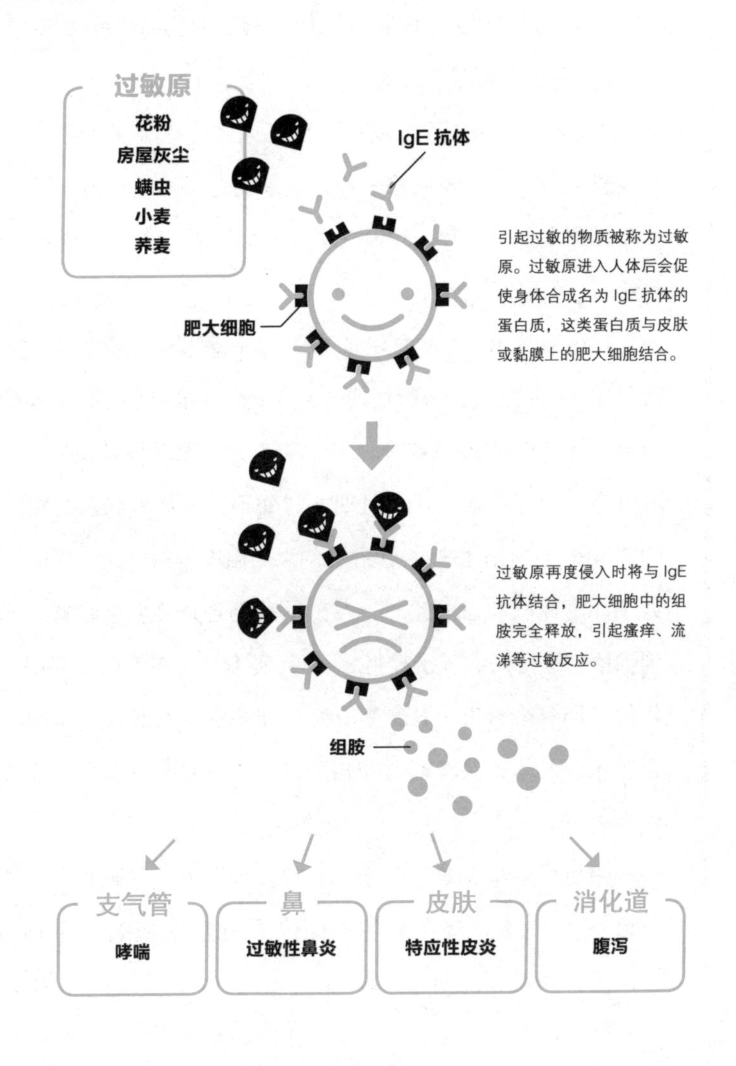

睡眠及脑

无论大人还是孩子都是『睡得好的长得壮』！

哎呀,昨天我只睡了3个小时呢——随着日本“工作方式改革”的到来，每到工作日的早晨，就能听到夸耀自己忙于工作而睡眠不足的声音。为了彰显繁忙，睡眠不足问题竟成了值得夸耀的事，但是若按照这个方向发展下去，恐怕前途会很艰险。因为睡眠不足与效率低下有着很紧密的联系。为何睡眠不足会导致效率变差呢?这与大脑的工作状态密不可分。

大脑在平时清醒的状态下，消耗人体约20%的能量。大脑就像装载了一座大型发动机一样，如果让它不间断地连续运转，必然会导致发动机过热，这时就需要稍稍让其冷却，这也就是睡眠起到的一个重大作用。

睡眠分为REM睡眠和非REM睡眠两类。通常每晚REM睡眠和非REM睡眠会来回切换4 ~ 5次。浅REM睡眠承担着恢复精神疲劳及整理记忆的工作。这一阶段的睡眠伴随梦境的产生，同时也意味着，大脑在这一时期并非处于完全休眠状态。然而深度的非REM睡眠阶段则会让升温的大脑温度得以下降，同时让大脑处于深度休眠状态。此外，人在睡眠中会分泌生长激素。日本有句谚语“睡得好的孩子长得壮”，其实不仅是在生长发育期，人在任何时期都会分泌生长激素，而且分泌的生长激素与组织的修复及再生、人体的保养都紧密相关，生长激素同时也是调控代谢的因素之一。

最近的一项调查研究显示：只要大脑处于休眠状态，神经细胞就会进行工作，将有害物质排出。其机理是:睡眠时脑细胞收缩，使得脑脊液[1]更容易流动，从而将有害物质排出。

睡眠不足会阻碍大脑排出老旧的废弃物，其结果是使疲劳堆积，身体健康也会受到损害。因此，我们还是应该保证自己的睡眠时间。

● 睡眠的周期及生长激素的分泌

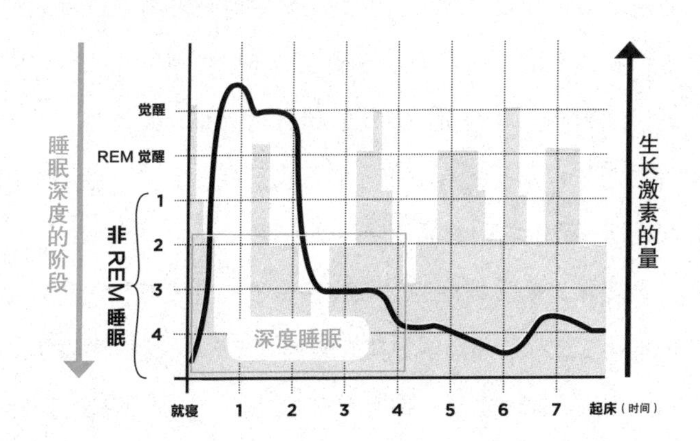

● 生长激素的功效

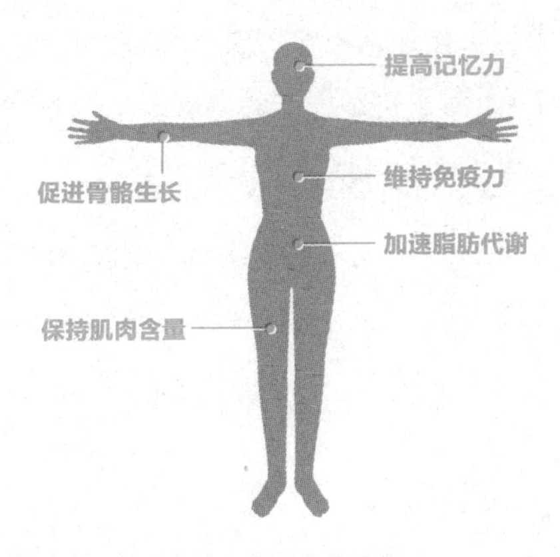

[1]保护脑和脊髓不受机械冲击，并具有排出代谢物的功能。

能够治愈癌症的那一天终将到来？

癌症及其治疗的最前线

在日本，由癌症引起的死亡约占全体的28.5%。由心脏疾病致死的比例位居第二，占全体的15.1%，肺炎致死的比例排名第三，占全体的9.1%。由此可见，癌症致死的比例可谓是“遥遥领先”。实际上，平均每3.5位日本国民中，就有1位因癌症去世。[1]

人体中共有约60兆个细胞，正常状态下这些细胞会受到严格的控制，不会发生过度分裂、增殖。但是癌细胞可以通过损伤正常细胞的基因，使其陷入不受控状态，导致细胞无限增殖，也就是使细胞陷入“暴走”状态。到目前为止，人类与曾被称为“不治之症”的鼠疫、结核病等多种疾病战斗，并战胜了它们。那么同样地，战胜癌症的那一天会到来吗？

现在，最受关注的最新疗法是癌症免疫疗法。免疫疗法是继手术疗法、以抗癌药剂为代表的化学疗法、放射疗法之后的第4种治疗方法，同时也是一种前所未有的治疗方法。它通过激活患者自身的免疫系统，让其主动攻击癌细胞。目前已经出现了多种类型的免疫疗法，比如向体内注射抗体，或注射人工标记了癌细胞特征记号的疫苗；再比如从癌症患者体内取出具有攻击力的免疫细胞，通过体外培养，大幅度提高其数量及攻击强度，之后再放回人体内。除此之外，还有一些其他类型的免疫疗法。

美国前总统吉米·卡特曾被诊断出患有致死率极高的恶性黑素瘤，这一诊断结果相当于直接宣告了他的死期。但吉米·卡特在濒死境地中开始接受免疫疗法的治疗，之后有新闻报道，吉米·卡

[1]该统计结果出自日本厚生劳动省发布的《平成二十八年人口动态统计月报》。

特体内的癌细胞几乎全部消失，这在当时的确非常令人震撼。免疫疗法作为全新领域的治疗方法，虽然仍处于研究和开发的阶段，但通过与现有的一些治疗方法结合，我相信，癌症将不再那样恐怖，根治癌症的那一天终将到来，对此我抱有强烈的期待。

● 癌基因及肿瘤抑制基因

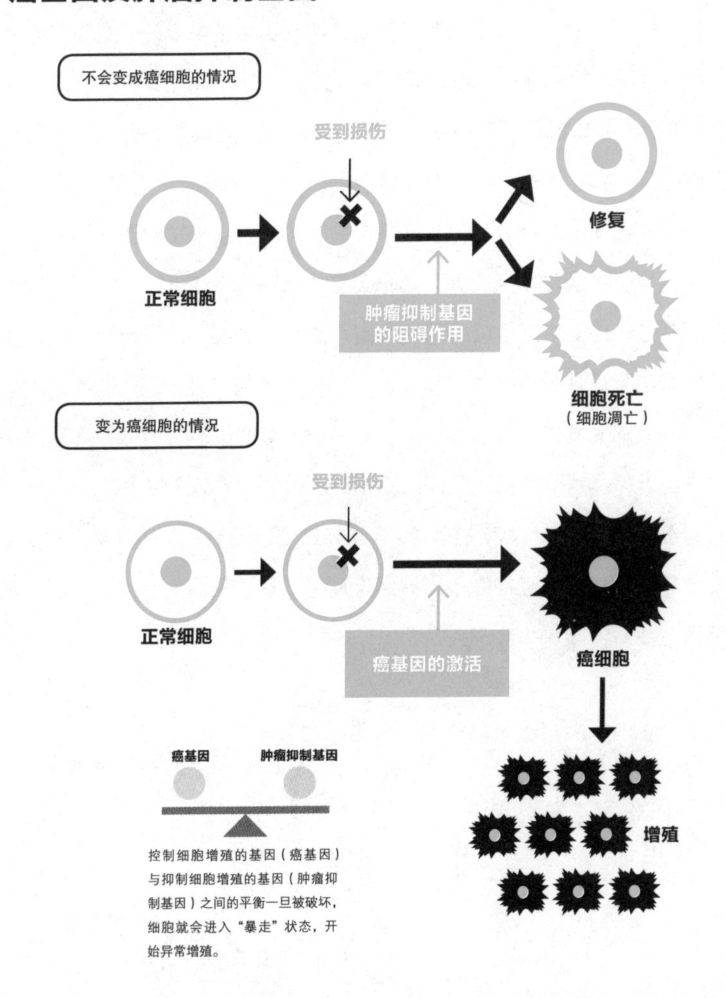

控制细胞增殖的基因（癌基因）与抑制细胞增殖的基因（肿瘤抑制基因）之间的平衡一旦被破坏，细胞就会进入“暴走”状态，开始异常增殖。

人类死后体重会减轻21克?

体内环境的维持

人类死后体重会减轻，这难道不正说明了灵魂的存在吗？ 20 世纪初期，上述议题曾被非常认真地探讨过，甚至有研究者专门设计了实验来验证。2003 年公开上映的电影《21 克》，电影名反映的就是当年在实验中得出的“灵魂的重量”。然而，当年的科学实验实际上严重缺乏科学依据，之后也被明确地否定了。

但是人死后，体重的确会下降，这一点毋庸置疑。坚信灵魂存在论的研究者们将之当作证据，据理力争。实际上体重减少是由水分的蒸发引起的。人在世时，通过汗液等形式挥发出的水分信息会被传递到大脑，大脑产生口渴的信号，通知身体进行补水，继而缓解口渴。但是尸体则无法进行这种调整，因此体重才会减轻。

生物体内时刻在发生为保证内环境稳定而进行的调整，这种调整不仅限于水分，还有体温。无论外界温度如何变化，人的体温都维持在 35 ~ 37℃之间。炎热时就通过汗液的蒸发使体表温度下降，寒冷时，则通过肌肉等的收缩来产生热量。诸如这类维持体内环境稳定的构造被称为体内平衡（稳定性）。

再回到最开始提及的 21 克的争论。当时鼓吹灵魂存在论的研究者们受到批判后不知道是不是变得执拗的缘故，竟然走起了玄秘的路线，甚至发布了灵魂的照片，自那之后，世人对那些研究者们的“成果”便不屑一顾了。

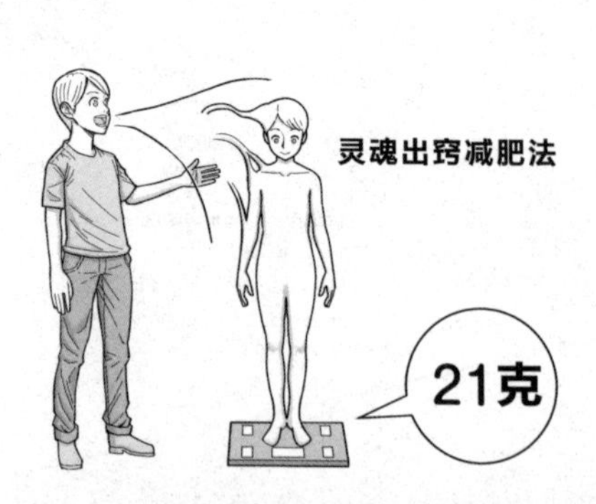

6

生态系统的结构及生物的未来

地球上生活着多少种生物？

生物的种类及数量

地球上究竟生存着多少生物呢？从 2011 年由加拿大和夏威夷的大学共同组成的联合研究团队发表的论文推算来看，现存的生物种类超过 870 万种。

再详细划分一下，动物约有 777 万种，植物约有 29.8 万种，菌类约有 61.1 万种，再加上其他原生生物。但根据 IUCN（世界自然保护联盟）的调查，现已被发现的生物物种约为 137 万种，这个数字大约是前面推算数字的 1/6，也就是说剩下的 5/6 的生物的生存情况仍然未被证实。

其实，2017 年 8 月 WWF（世界自然基金会）发表了 2014 至 2015 年间，在亚马孙地区新发现的脊椎动物的数量，这个数字竟然达到了 165 种！再详细划分的话，新发现鱼类 93 种、两栖类 32 种、哺乳类 20 种、爬行类 19 种、鸟类 1 种。在这基础上，如果再加上物种种类最多的昆虫的数量，那么新发现的物种数量将会是一个多么庞大的数字啊。我们不难想象，在丛林的深处，或是深海等人迹罕至的地方，仍然存在着许许多多未知的生物。

18 世纪由瑞典生物学家卡尔·冯·林奈提出的“种”分类法作为生物学中统一使用的分类方法，一直沿用至今。林奈将种的学名命名形式定义为双名法（属名加种名），为生物分类的体系做出了卓越贡献。现在，在种、属的分类之上还有界[1]、门、科、目、纲的区分来对生物进行分类。比如说人的分类，就是动物界→脊索动物门→哺乳纲→灵长目→人科→人属→智人。

[1]“界”包含原生生物界、植物界、真菌界和动物界四种。

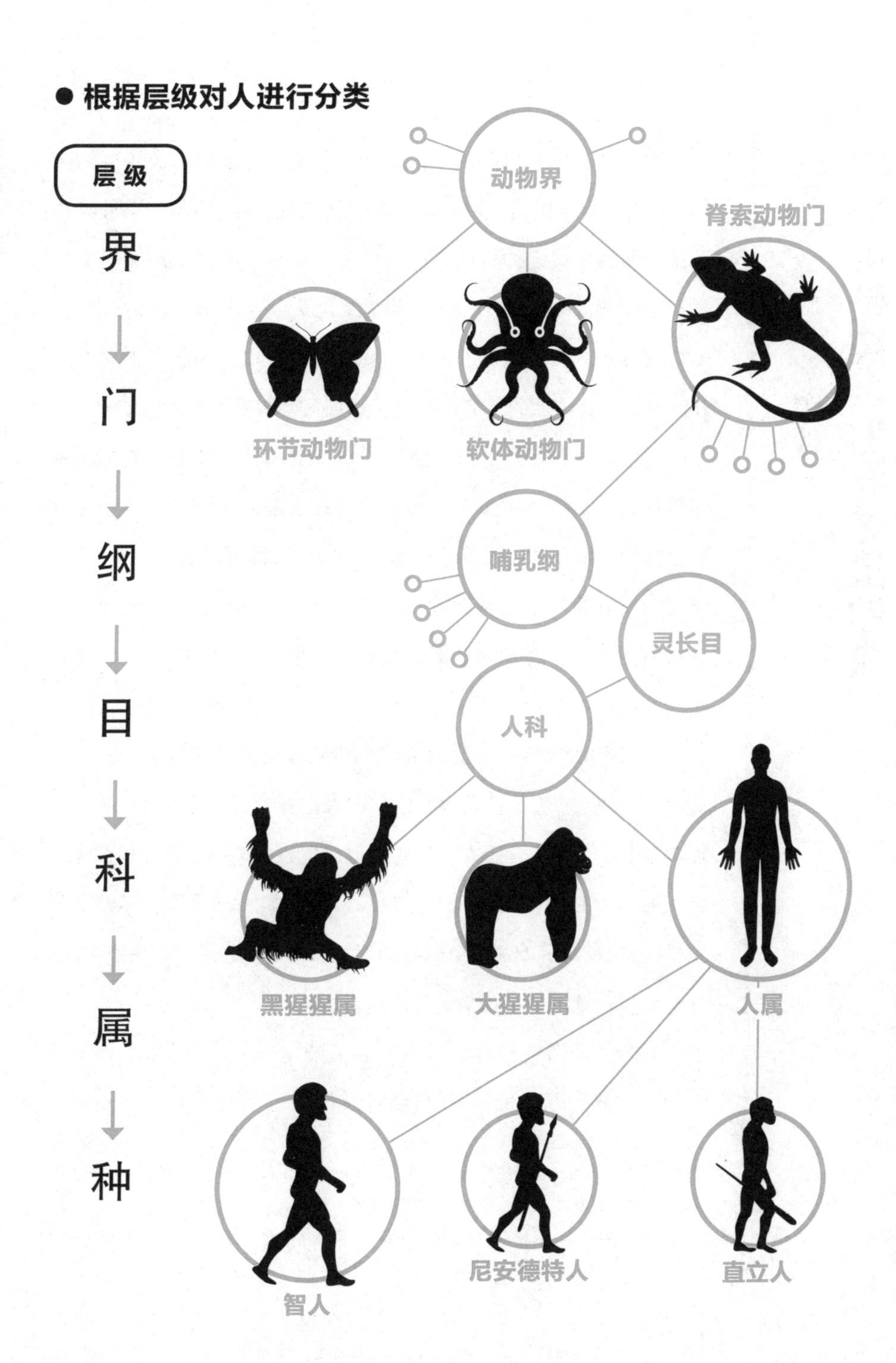
● 根据层级对人进行分类
层级
界
门
纲
目
科
属
种
动物界
脊索动物门
环节动物门
软体动物门
哺乳纲
灵长目
人科
黑猩猩属
大猩猩属
人属
智人
尼安德特人
直立人

裙带菜是被全世界讨厌的生物？

生态系统及外来物种

2017年，来自南美的红火蚁侵入日本陆地的消息最初被确认时，引发了日本国内的巨大骚动。[1]因为红火蚁被IUCN（世界自然保护联盟）认定为“世界侵略性外来物种最恶劣top100”中令人不寒而栗的蚂蚁中的一种。毕竟，红火蚁身上携带着足以致人死亡的毒素。但是这类外来物种真正可怕的地方并不在于它们的毒性或其他身体上的特征，而在于它们对生态系统造成的影响。

所谓生物链，指的就是生物通过捕食和被捕食关系连接起来的食物链。土壤动物作为分解者生活在底层，植物作为生产者与草食动物、肉食动物相连。位于金字塔顶端的都是大型肉食动物，但它们没有将所有生物都吞食殆尽，原因就在于大型肉食动物的绝对数量较少。这样的平衡是在适应环境的漫长过程中逐渐建立起来的。

暗含有摧毁这种平衡的危险的生物，就是外来物种。举一个易理解的例子，为了击退饭匙倩[2]，人们在奄美大岛上投放了爪哇猫鼬。爪哇猫鼬从奄美大岛食物链上位置较低的小动物开始逐一捕食，再加上它们的繁殖能力又极强，因此如果放任爪哇猫鼬随意生长,很快食物链的金字塔就会变成倒三角形。为了守护生态系统，现在也在持续进行爪哇猫鼬的驱除工作。

此外，还有一种源于日本的水生植物被全世界厌恶，你知道是何种生物吗？正是标题中提到的裙带菜。裙带菜作为源自日本

[1]在东京都内发现的危险外来物种除了红火蚁外，还有红背蜘蛛、棕色寡妇蛛、鳄龟、热带火蚁。

[2]响尾蛇科毒蛇，头部为三角形，毒腺发达。动作敏捷，具有攻击性。在日本分布于奄美诸岛、冲绳诸岛等地。——译者注

的恶性外来物种也入选了“世界侵略性外来物种最恶劣 top100”榜单。世界上几乎大部分的国家都没有食用海藻的习惯，因此对那些国家而言，繁殖能力极强的裙带菜就成了疯狂增殖的有害外来物种。

● 生态系统金字塔

生物即使没有氧气也能存活吗？

发现地外生物的可能性

生物利用氧气，在细胞内的线粒体上合成维持生命活动所需的能量。换言之，生物没有氧气就无法存活。但是2010年，意大利的一支科考队却在地中海海底发现了颠覆这一理论的3种生物。

这3种生物都是体长在1毫米以内的微生物，且生长在盐湖（盐水湖）之中。那块水域盐分浓度极高且并未与含有氧气的海水混合，也就意味着这3种生物都处于无氧状态中。

调查发现，这些生物不含线粒体，却含有另一种细胞器（氢化酶体[1]）。即使没有氧气，多细胞生物也能维持生命的这一重大发现，对调查地外生命的研究者们来说似乎是一个巨大的好消息。

此外，2017年，研究者们对聚集在地下洞穴中生存的裸鼹鼠进行实验发现，裸鼹鼠在无氧环境中也可以生存18分钟。生物体在线粒体上生产能量时，通常会以葡萄糖为原料，但是裸鼹鼠在含氧量较低的状态下会切换到利用果糖来产生能量的模式，裸鼹鼠采取的这种策略使得它们即使在无氧环境中也不会中断能量的生产。这似乎是它们为了适应含氧量较低的地下环境而进化出来的能力。

如果在人体细胞中也能找到利用果糖的方法，那么对中风或心肌梗死等会导致急性缺氧的患者来说，或许就会有新的治疗手段出现。今后的研究值得期待。

[1]线粒体突变后的产物。到目前为止，只在单细胞生物体内确认了该种物质的存在。

● **无氧状态下生物的能量代谢**

通常状态下的呼吸作用

在线粒体上
利用葡萄糖产生能量

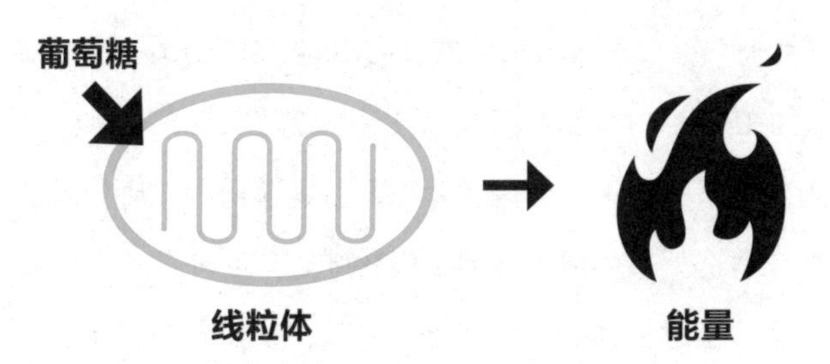

无氧状态下

裸鼹鼠

将葡萄糖替换为果糖进行能量生产

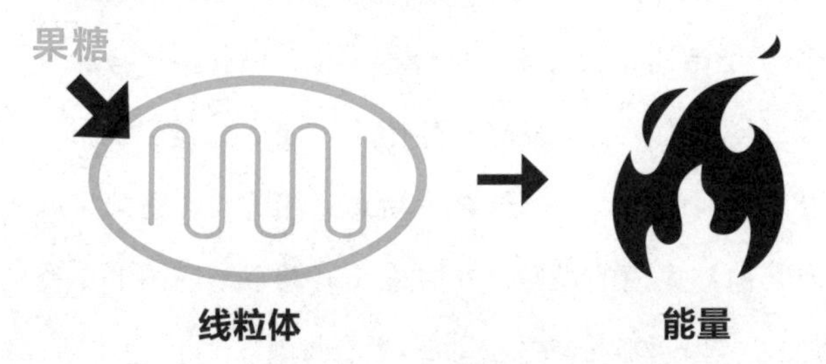

在无氧状态下也能生存的微生物

其他细胞器替代线粒体
进行能量生产

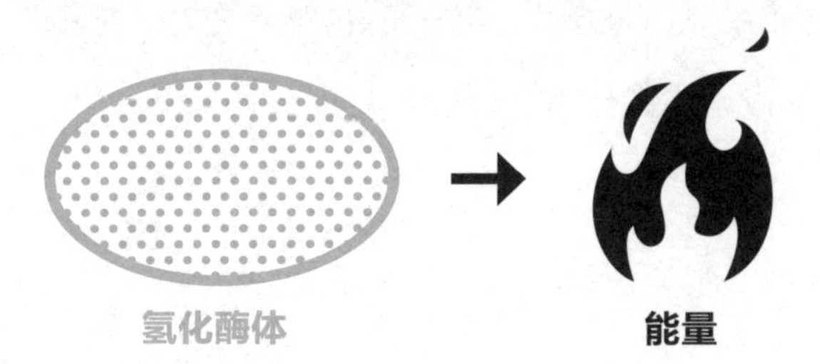

人体中有超过1000兆个细菌?!

细菌的种类及作用

细菌是被称为“真正细菌”或“bacteria”的单细胞生物。有一部分细菌生长在人或动物的皮肤表面、消化器官等部位。比如说人的肠道中就居住着约3万种、数量约1000兆个细菌。这些细菌的重量累加在一起，可能有1.5 ~ 2千克，这着实令人吃惊。

肠道内的细菌主要可以分为益生菌和有害菌两种。比如乳酸菌、双叉乳杆菌这类益生菌，有助于消化吸收，也可提高人体对疾病的抵抗力，是对身体有益的细菌。相反，诸如大肠杆菌、产气荚膜梭菌等有害菌则会产生各种各样的有害物质，是会对身体产生不利影响的细菌。

多种多样的肠道内细菌根据种类的不同，密密麻麻、整齐地排列在肠道壁上。细菌在肠道壁上排列的样子就好像是花圃中植物按照种类一丛一丛排列着的样子。因此,肠道内的细菌也被称为“肠道菌群”。由于细菌的总量大体上已经稳定了，因此益生菌和有害菌的平衡就显得尤为重要。发酵食品中不可缺少的益生菌——乳酸菌，从很久之前就和人们的饮食生活息息相关。乳酸菌有助于我们肠道内其他益生菌的增殖，同时也具有调节肠道菌群平衡的作用。因此，富含乳酸菌的酸奶对身体大有裨益。

肠道菌群的平衡一旦被破坏，就会引起多种疾病。研究表明，有时肠道菌群的失衡还会导致免疫力的下降，从而导致过敏症状甚至是癌症的发生。最近的一项研究报告称，肥胖、糖尿病、认知障碍也都与肠道菌群的失衡有关。[1]

---

[1]该项研究报告还表示，益生菌具有缓解悲伤情绪的功效。

● 构成肠道菌群的肠道内细菌

益生菌

提高免疫力、防止病原细菌的侵入和增殖、
对人体有益的细菌

乳酸菌、双叉乳杆菌等

有害菌

让肠道中的物质腐败变质并产生有毒物质，
对人体有害的细菌

大肠杆菌、产气荚膜梭菌等

机会致病菌

根据肠道内的状态转变为益生菌或有害菌的
“墙头草”细菌

这些细菌在人的肠道内约有3万种，数量约1000兆个！

● 肠道菌群的理想平衡状态

2 ： 1 ： 7

以17年为周期数量大幅增加的『质数之蝉』之谜

昆虫数量大爆发的现象

蛾或蝗虫等昆虫的爆发式增长常常成为热议的话题。比如，蝗虫的数量会在农作物丰收的下一年度疯狂增加。然后，这些蝗虫吃光农作物，虫害就出现了。而椿象则会在杉树或日本扁柏树上产卵，由卵孵化出的幼虫就会以这些树上的果实为食，逐渐成长。因此，花粉飞散量较多的年份也就意味着幼虫的食物较多，这与椿象数量的激增似乎也有着某种关联。通常情况下，昆虫数量大幅度增长的深层原因都与捕食、被捕食关系紧密相连。

然而，美国北部每隔 13 年或 17 年就会发生一次的蝉的爆发式增长的原因，无法从食物链的角度进行说明，长久以来一直是一个未解之谜。但是这个谜题却被静冈大学的吉村教授用数学而非生物学的方式解开了，而解谜的关键，就是质数。

在绝大多数生物都面临灭绝窘况的冰河时期，在北美暖流的附近，又或是盆地地区这类温度几乎不会下降的狭小范围内，蝉的生命得以延续。它们在地下蛰伏 12 ~ 18 年，然后在地面上进行繁殖。然而，即便是登上了地面，如果没有与之交尾的对象，也无法繁衍后代。因此，不如同时进行羽化、交尾、产卵——蝉就采取了这样的战略。然而最初，蝉羽化的周期并不是在 13 ~ 17 年，而是大致在 12 ~ 18 年。如果不同羽化周期的蝉互相交尾会导致周期混乱，任其发展下去最终必将导致种族的灭绝。举例来说，周期为 12 年和周期为 18 年的蝉，每隔 36 年就会出现互相交尾的风险。而质数 13、17 的最小公倍数相对来说就比较大，这两类周期的蝉相互交尾的风险就会大大降低，因此，最小公倍数较大、羽化周期为质数的蝉才最终存活了下来。

● 不同羽化周期的蝉的交尾风险

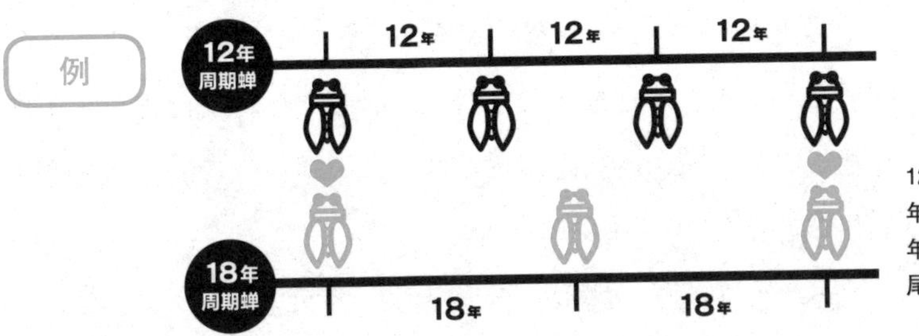

12年周期蝉和18年周期蝉每隔36年就出现互相交尾的风险。

最小公倍数表

交尾	12年	13年	14年	15年	16年	17年	18年	平均
12年		156	84	60	48	204	36	98
13年	156		182	195	208	221	234	199
14年	84	182		210	112	238	126	158
15年	60	195	210		240	255	90	175
16年	48	208	112	240		272	144	170
17年	204	221	238	255	272		306	249
18年	36	234	126	90	144	306		156

动物挑食竟然对健康没有影响?!

草食动物及肉食动物

为了保持健康，一定要均衡饮食。争取每天都摄入30种营养物质吧。每当看到这样的文章时，我都会打心底担心那些挑食的动物。比如考拉，就只吃桉树的叶子……对它们来说，摄入的营养物质是否充足呢?

试想一下草食动物吧，比如说牛，牛只吃草也能生存下去，其实是多亏了共生在牛消化器官里的微生物。牛吃进去的草实际上是那些微生物的食物。相比起牛直接从吃进去的草中获取营养物质，吸收那些微生物的排泄物并合成葡萄糖以供应能量生产的效率更高。此外，死去的微生物也可以成为蛋白质的来源。

而肉食动物进食的鲜肉、内脏中除了含有蛋白质、脂质之外，还富含矿物质、维生素，因此可以称为“营养物质齐全的食物”，即便不摄入植物，肉食动物也不会营养不良。然而，当肉食动物捕获了草食动物时，它们会首先进食草食动物肠胃中正在消化的植物。虽然肉食动物无法消化植物，但是消化猎物肠胃中的食物是没有问题的，肉食动物可以从那些正在消化的食物中获取维生素。

回到考拉的话题上，考拉最喜欢吃的桉树叶富含脂质、糖类、单宁酸、蛋白质、钙质等成分，营养均衡，对考拉而言是营养齐全的食物。与其说桉树叶是考拉最喜欢的食物，倒不如说是在生存竞争中败下阵来的考拉祖先们为了保证食物的来源，才攀上树木，以有毒的桉树叶为食。[1] 而为了解除桉树叶中的毒性，考拉肠道内的细菌也十分活跃。

[1]也有说法称，大熊猫以竹子为食也是为了避免与其他肉食动物竞争。

● 牛的蛋白质摄取

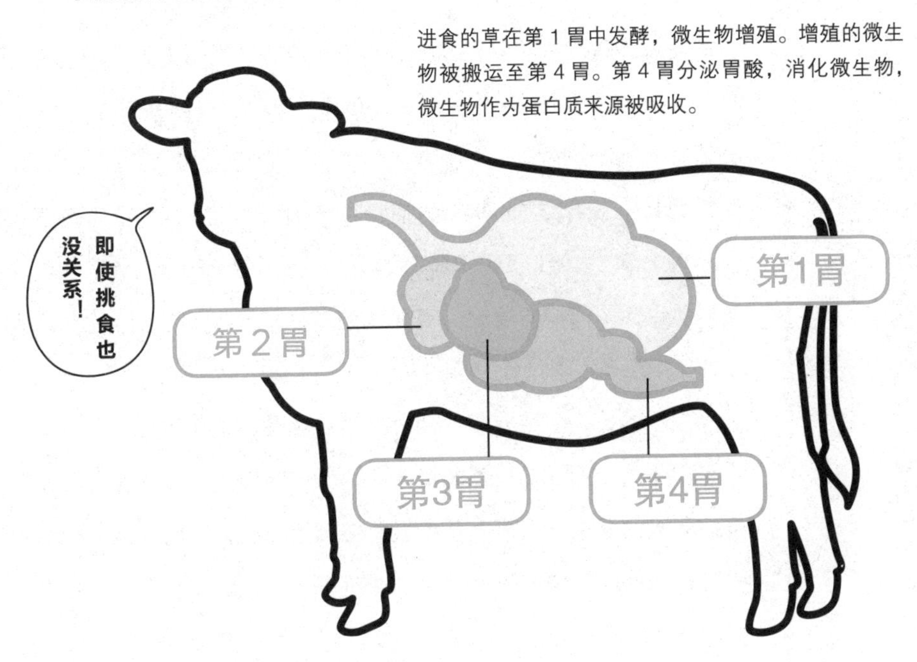

进食的草在第 1 胃中发酵，微生物增殖。增殖的微生物被搬运至第 4 胃。第 4 胃分泌胃酸，消化微生物，微生物作为蛋白质来源被吸收。

● 动物肠道的长度

消化吸收富含纤维的植物时需要耗费大量时间，因此草食动物的肠道比肉食动物的长。杂食性的人类的肠道长度约为体长的 12 倍，草食动物牛的肠道长度约为体长的 20 倍。与此相比，狮子或狼等肉食动物的肠道长度约为体长的 4 倍。

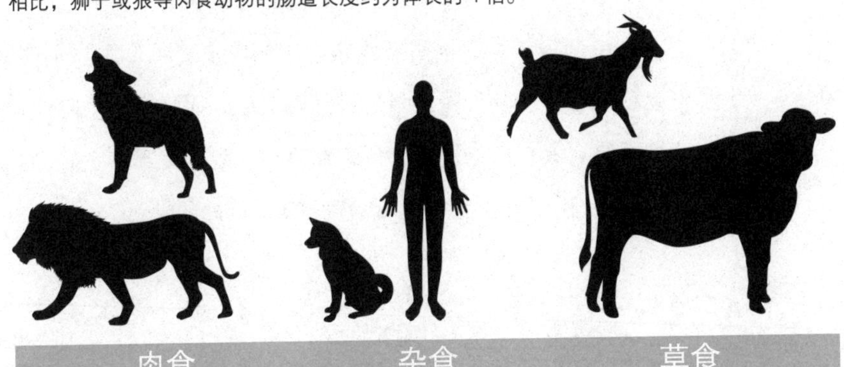

对鳗鱼、金枪鱼『自助』说NO！

饮食及资源保护

蒲烧鳗鱼的香味强烈刺激着食欲，被香味吸引走到店门前一看，高昂的价格让人吃惊。现在鳗鱼价格攀升的原因其实很简单，就是捕不到鳗鱼了。

从日本鳗鱼过去50年的捕捞量来看，20世纪60年代高达3400吨，到了2011年就只有230吨了。人工养殖的作为种苗的玻璃鳗鱼也面临同样的境况，60年代的产量超过200吨，但是2011年的产量至多也就只有10吨。

减少的原因主要有以下两种：第一种是由于河川、海岸的护岸工程等人为造成的生态环境恶化，另一种则是海流的变化。日本的研究团队调查发现，日本鳗鱼在马里亚纳海沟附近产卵，但是孵化的鳗鱼幼体受海流变化的影响，还未游到日本沿岸就死去的幼鱼数量不断增加。

有学者指出，海流变化受气候变暖的影响。但是滥捕也的确给海流变化带来了深远的影响。

2014年，日本鳗鱼被IUCN列为濒临灭绝物种。在完备的养殖技术确立之前，可能鳗鱼的价格不会下降。

一说起海产品，人们可能认为它们是取之不尽用之不竭的，但是已经有不少物种像鳗鱼这样濒临灭绝，而且这种危险性正在不断升高。太平洋蓝鳍金枪鱼现在也被认定为Ⅱ类濒危物种。现在到了我们应该认真思考饮食和资源保护问题的时候了。

● 日本国内濒危物种的分类（出自环境省公布的2017年度红色名录）

灭绝

在日本已经灭绝的物种

日本狼、日本水獭等

野生灭绝

只剩人工饲养的个体存活

朱鹮[1]等

濒危ⅠA类

在不久的将来灭绝的可能性极高

西表山猫、海獭、儒艮、鹳、冲绳秧鸡、岛枭等

濒危ⅠB类

灭绝的危险性逐渐增加

金雕、岩雷鸟、蠵龟、日本鳗鱼等

濒危Ⅱ类

灭绝的危险性逐渐增加

信天翁、隼、丹顶鹤、日本大鲵、龙虱、日本大锹等

准濒危

目前灭绝的可能性较小，但仍有灭绝的可能

北海狮、虾夷鸣兔、日本石龟、黑斑蛙等

---

[1]2019年，由于人工繁殖朱鹮及其野生放飞成功，日本环境省将朱鹮由“野生灭绝”级别下调一级至“濒危ⅠA类”。——译者注

踏踏实实恢复自然的行动方案

恢复生态学及绿化运动

生态系统是由各种各样复杂的因素相互缠绕、彼此作用以保持平衡的。但是，也发生过不少由于自然灾害等不可抗力因素搅乱生态系统平衡的案例。比如说，由暴风雨导致山体滑坡、森林被毁等，对一定区域内的生态系统会造成巨大影响。由台风、火山喷发、气候变化等自然原因产生的问题在各地频频发生，但即便如此，地球依然能维持其生态系统平衡的原因就在于自然拥有恢复力。即便是在火山喷发后岩浆流过的地方，也会有鸟类等生物运来种子，接着草木萌芽，昆虫繁衍生息，最终茂密的树林会形成，各种动物将生活在这片土地上。

然而，由人类活动造成的自然破坏正在以自然恢复力所不及的速度急速进行着。20 世纪 80 年代起，随处可见的土地沙漠化现象、由全球气候变暖引发的珊瑚礁成片死亡现象等显著的环境问题逐渐受到全世界的关注，致力于相关问题研究的科学家也在不断增多。研究如何恢复被破坏、被损伤的自然环境或生物个体种群的学术领域称为恢复生态学或恢复生物学。

恢复生态学中最简单易懂的实践活动当属沙漠的绿化活动了。有许多的日本人和 NPO（非营利组织）活跃在世界各地，致力于推动该领域的发展。比如，指导“绿色大地计划”的中村哲医师就将日本的传统技法应用于阿富汗，在阿富汗建设水道，使不毛之地披上了绿衣。此外，日本还向蒙古国、非洲各国内的沙漠地带派遣研究者和技术人员，推动绿化活动的发展。虽然这都是一些很朴实的举措和运动，但对地球的未来而言，却有着举足轻重的作用。

● 土地沙漠化的现状

沙漠化指的是干燥地区的土地恶化。
它不仅包括土地的干燥化，还包括土壤侵蚀、土壤盐碱化和植被种类减少。

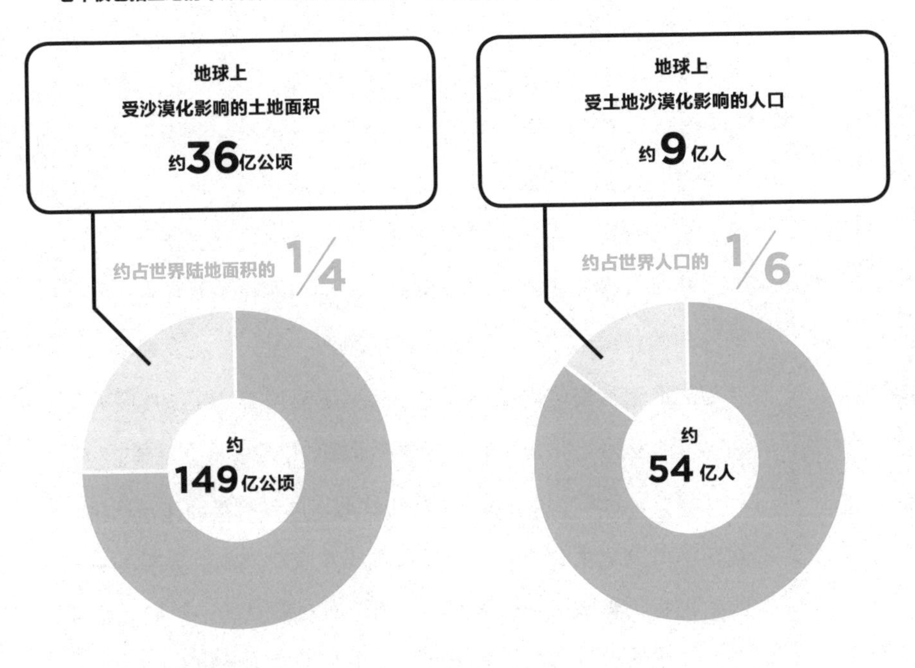

● 造成土地沙漠化的原因

全球气候变暖会对人类造成什么影响？

2017年6月，美国总统特朗普宣布美国脱离《巴黎协定》，该声明一经发表便引起了广泛的社会讨论。世界第二大二氧化碳排放国美国宣布脱离协定，那么其他国家势必会紧随其后，相继脱离该协定。这样的局面一旦发生，协定本身的框架就会被动摇，防止全球变暖的呼吁就会变得有名无实（顺便提一下，二氧化碳排放量第一的国家是中国，第三位是印度，日本排名第五[1]）。

全球气候变暖是由二氧化碳、甲烷、氟利昂等具有温室效应的气体的排放造成的。而最根本的原因在于人口爆发式增长，以及随之而来的能量消耗的增加。根据研究调查结果，按照人类目前的速度发展下去，100年后地球表面的平均温度将会升高5.8℃。[2]

那么，全球气候变暖将会给生物造成怎样的影响呢？最新的风险预测研究表明，地球气温每升高1～3℃，就会有20%～30%的生物物种濒临灭绝。然而也有另一种见解认为，气候变暖反而会增加生物多样性。众所周知，赤道附近是生物物种的宝库，从这一事实来看，气候变暖有可能会导致新物种的出现。

但各国仍然对气候变暖抱有危机感，因为人类处于生态系统的顶端，如果人口持续增加，能源持续消耗，很有可能会对其他生物造成前所未有的伤害。人类站在生态系统金字塔的塔顶，脚下不稳定的生态平衡不知何时会崩坏。我们绝对不能忘记的是，对我们人类而言，我们决不能失去平衡状态下的自然生态系统。

[1]2014年的排名。资料来源：EDMC（能源数据和模型中心）/能源·经济统计概要2017年版。

[2]日本国立环境研究所和东京大学气候系统研究中心共同进行的研究。

● 二氧化碳浓度的变迁

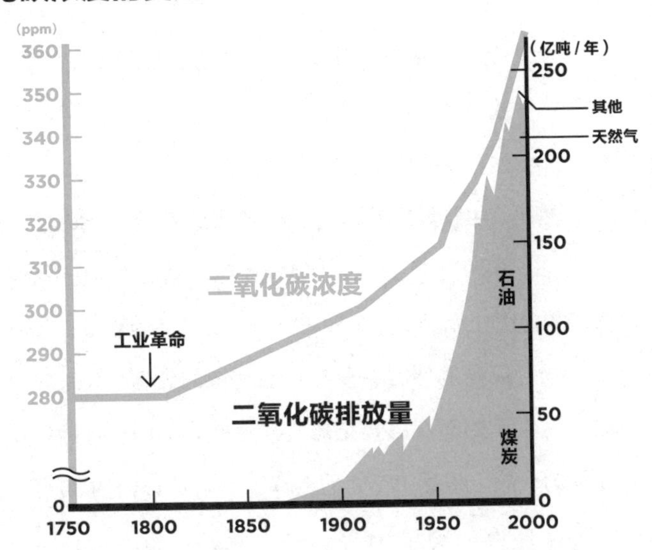

● 温室气体增加的原因

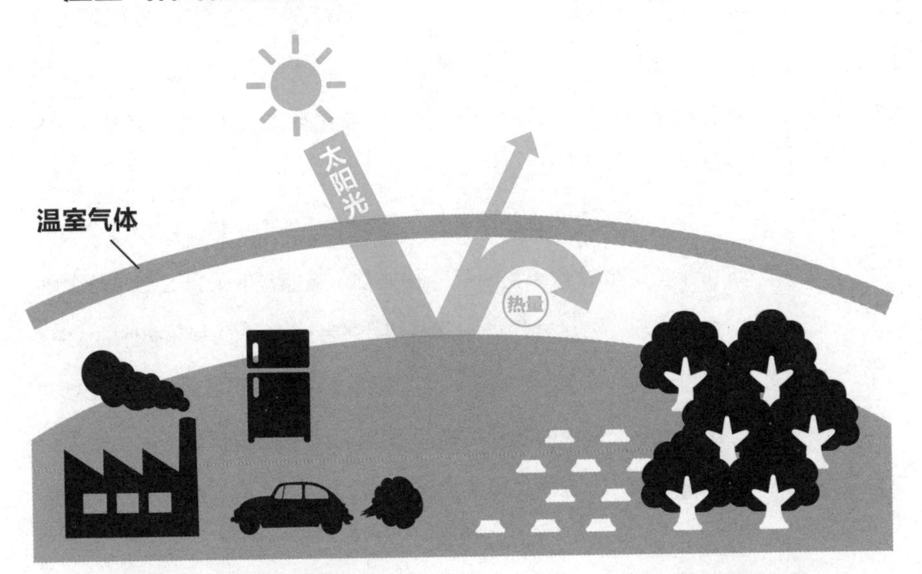

由于使用煤炭、石油燃料及家电产品而产生的废气的影响，温室气体形成的膜变厚，热量被封锁无法释放。

由于森林被采伐，导致二氧化碳无法被吸收。

生物多样性的危机

一年之中竟有四万种生物灭绝?!

地球上已经被科学认知的生物有 137 万种。然而，还未被发现的物种数量可能高于这个数字数倍（见第 102 页）。这也就是说，地球上生存着的生物多种多样。

然而，生物灭绝的速度正在逐渐加快。科学家们认为，恐龙时代平均每 1000 年才会有 1 个物种灭绝，但是从 100 年前开始，生物灭绝的速度变成了 1 年 1 种，时至今日，每年约有超 4 万种生物灭绝。

物种灭绝的原因主要有自然环境的破坏、外来物种入侵造成的生态系统的破坏以及全球气候变暖。其中，自然环境的破坏问题最为严峻。根据 WWF 的测算，1970 年以后的 30 年间，地球已经失去了 30% 的自然环境。

亚马孙雨林占地球热带雨林总面积的 60%，对亚马孙雨林的采伐成为当时极具代表性的例子。WWF 警告人类，如果按照当前速度继续采伐亚马孙雨林，到 2050 年，亚马孙热带雨林的 60% 都将被破坏，这将导致亚马孙雨林的二氧化碳排放量增加 555 亿 ~ 969 亿吨。

正是因为有了生物多样性，地球上的各个生物才能通过食物链维持平衡。虽然各生物间都存在捕食、被捕食的关系，但从整个地球规模来看，各生物均处于和谐相处的状态。任何一个物种的灭绝，都将打破这种和谐，随后，平衡可能就被破坏。到目前为止，地球共经历过 5 次大规模的物种灭绝。[1] 由于人类的影响，第 6 次大规模灭绝即将降临……我们必须防止这种情况的发生。保护环境，刻不容缓。

---

[1] 过去发生的大规模物种灭绝是由气温急速下降、火山气体造成的大气污染、陨石撞击和超新星的爆炸等因素导致的。

● 生物灭绝的速度

2亿年前	1000年间	…………	1种
200～300年前	4年间	…………	1种
100年前	1年间	…………	1种
1975年	1年间	…………	1000种
现在	1年间	…………	40000种

● 曾经发生的大规模灭绝

宙	代	纪	时间	大量灭绝	事件
太古宙			40亿年前		生命诞生 出现光合细菌
元古宙			25亿年前		出现真核单细胞生物 出现多细胞生物
显生宙	古生代	寒武纪	5.4亿年前		寒武纪大爆发 出现脊椎动物
显生宙	古生代	奥陶纪	4.9亿年前	大量灭绝 85%	出现鱼类
显生宙	古生代	志留纪	4.4亿年前		出现陆地生物 出现昆虫
显生宙	古生代	泥盆纪	4.2亿年前	大量灭绝 82%	鱼类的时代
显生宙	古生代	石炭纪	3.6亿年前		两栖类的繁盛 出现合弓纲类
显生宙	古生代	二叠纪	3亿年前	大量灭绝 95%	出现爬行类
显生宙	中生代	三叠纪	2.5亿年前	大量灭绝 76%	出现恐龙 出现哺乳类
显生宙	中生代	侏罗纪	2亿年前		恐龙的繁盛 出现始祖鸟
显生宙	中生代	白垩纪	1.5亿年前	大量灭绝 75%	恐龙的灭绝
显生宙	新生代	第三纪[1]	0.7亿年前 0.07亿年前		哺乳类和鸟类的繁荣 出现人类

[1]第三纪原为新生代的第一个“纪”，分为老第三纪、新第三纪，依据新制定的地质年代表，老第三纪改称“古近纪”，新第三纪改为“新近纪”，第三纪名称不再使用。——译者注